Wilhelm Heuseler

Über die operative Behandlung der Magenkrankheiten vom

Standpunkte der inneren Medizin

Wilhelm Heuseler

Über die operative Behandlung der Magenkrankheiten vom Standpunkte der inneren Medizin

ISBN/EAN: 9783743451865

Hergestellt in Europa, USA, Kanada, Australien, Japan

Cover: Foto ©berggeist007 / pixelio.de

Manufactured and distributed by brebook publishing software
(www.brebook.com)

Wilhelm Heuseler

Über die operative Behandlung der Magenkrankheiten vom Standpunkte der inneren Medizin

Ueber die operative Behandlung der Magenkrankheiten vom Standpunkte der inneren Medizin.

INAUGURAL-DISSERTATION

WELCHE

ZUR ERLANGUNG DER DOCTORWÜRDE

IN DER

MEDICIN UND CHIRURGIE

MIT ZUSTIMMUNG

DER MEDICINISCHEN FACULTÄT

DER

FRIEDRICH-WILHELMS-UNIVERSITÄT ZU BERLIN

AM 29. NOVEMBER 1895

NEBST DEN ANGEFÜGTEN THESEN

ÖFFENTLICH VERTEIDIGEN WIRD

DER VERFASSER

Wilhelm Heuseler

aus Taubenwalde, Kr. Mogilno (Posen).

OPPONENTEN:

Herr Dr. med. Skrodzki.
„   Dd. med. Romberg.
„   Dr. med. Witte.

BERLIN

C. VOGTS BUCHDRUCKEREI (Dr. E. EBERING).

Linkstrasse 16.

Meinen lieben Eltern.

Mit dem Aufschwunge, den die Chirurgie im Laufe der letzten Jahrzehnte genommen hat, sind ihre Beziehungen zu den übrigen medizinischen Disziplinen immer mannigfaltigere geworden. In ein besonders nahes Verhältnis ist sie zur inneren Medizin getreten. Die Chirurgie der Bauchhöhle, eines früher durchaus dem inneren Arzte zugehörigen Gebietes, schliesst sich als eine erfreuliche Ergänzung der inneren Therapie an. Es folgt aus diesem Umstande ohne weiteres, dass kein innerer Kliniker der Kenntnis der fortschreitenden chirurgischen Therapie entbehren kann. Der innere Arzt pflegt der erste zu sein, in dessen Hände diejenigen gelangen, welche mit Erkrankungen des Magendarmkanals, der Leber oder der Niere behaftet sind. Darum muss er sich klar darüber sein, ob im gegebenen Falle etwas von einem operativen Eingriff zu erwarten ist, wenn sich seine Therapie als nutzlos erwiesen hat, und in gemeinsamer Beratung mit dem Chirurgen die richtige Entscheidung zu treffen suchen. Uns soll hier nur das interessieren, was der Chirurg bei der Behandlung der Magenkrankheiten zu leisten vermag. Diese Frage hat schon des öfteren die inneren Aerzte beschäftigt. Doch beschränkten sich die Erörterungen in der Regel auf einzelne begrenzte Kapitel der Magenchirurgie oder betrafen nur den Wirkungskreis eines bestimmten Chirurgen. Ich möchte indess das ganze Gebiet der für die operative Behandlung in Betracht kommenden Magenerkrankungen zur Darstellung bringen, auch die Leistungen möglichst vieler Chirurgen berücksichtigen. Die Frage nach der Indikation für den chirurgischen Eingriff, für den inneren Arzt die praktisch wichtigste, wird besondere Berücksichtigung finden. Zugleich werden wir erfahren, was für den Kranken von dem chirurgischen Eingriff zu erwarten ist.

Die operative Behandlung der Magenkrankheiten entsprang dem Bedürfnisse, endlich einen Weg zu finden, auf dem man den Krebs erfolgreich bekämpfen könnte. Wenn wir von der Anlegung der Magenfistel wegen Verengerungen des Oesophagus und der Cardia, von der Entfernung von Fremdkörpern aus dem Magen absehen,

Operationen, die mit ihren Anfängen bis in die vierziger Jahre unseres Jahrhunderts und selbst bis in das 17. Jahrhundert zurückreichen, werden wir als die Begründer unserer heutigen Magenchirurgie Péan und Billroth nennen müssen. Sie versuchten in den Jahren 1879 und 1881 als die ersten das Pyloruscarcinom operativ zu entfernen. Nach diesen Versuchen sind neben dem Carcinom auch bald die schweren Formen nicht krebsiger Erkrankungen vor das chirurgische Forum gezogen worden.

Allgemeine Grundsätze für operative Eingriffe am Magen. Von vornherein werden operative Eingriffe nur dort in Frage kommen, wo entweder schwere, Siechtum bedingende Zustände vorliegen, bei denen alle therapeutischen Versuche nutzlos gewesen sind oder sich den bisherigen Erfahrungen gemäss mit Sicherheit als nutzlos erweisen werden, oder wo eine drohende Lebensgefahr vorliegt, die man durch Ausführung der Operation zu beseitigen hoffen kann. Zu der ersten Gruppe von Erkrankungen gehört in erster Linie das Carcinom. Sarkome des Magens finden sich verhältnismässig selten. Billroth, Czerny, Israel teilen fünf Fälle mit. Sie stehen an Bösartigkeit dem Carcinom gleich, wenn sie es nicht gar übertreffen. Sarkome befallen vorzugsweise jugendliche Personen. Doch vermag auch jede schwere mechanische Insufficienz, gleichgültig, ob sie durch eine Geschwürs- oder Aetznarbe, eine Atonie, durch Geschwülste oder Fremdkörper entstanden ist, zu höchstgefahrdrohenden Zuständen zu führen. Unter die mit unmittelbarer Lebensgefahr verbundenen Erkrankungen zählen vornehmlich die schweren Blutungen und die Perforation von Geschwüren.

Operative Behandlg. des Carcinoms. Es ist von Anfang an das Bestreben der Chirurgen gewesen und muss es immer bleiben, den Krebs, wie an anderen Organen, auch am Magen radikal zu heilen. Die Lage und Gestalt des Magens wie die biologischen Eigenschaften des Krebses treten leider diesem Wunsche in der Mehrzahl der Fälle hindernd entgegen. Von einer Radikaloperation Abstand nehmend, muss man sich dann auf einen Eingriff beschränken, der nur die quälenden Symptome beseitigt, die vor allem aus den motorischen Störungen der Magenfunktion entspringen, ohne das verderbliche Wachstum des Krebses zu hindern. Ich könnte aus diesem Grunde die operative Behandlung des Carcinoms mit unter der Behandlung der mechanischen Insufficienz überhaupt erörtern. Doch scheint mir eine gesonderte Besprechung des Carcinoms durch die Schwere seines Verlaufes wie die seiner Operabilität gegenüber den Zuständen, welche man als gutartige bezeichnet, wohl gerechtfertigt.

Der Krebs des Magens entwickelt sich vornehmlich am Pylorus und an der Cardia, seltener an anderen Stellen. Die kleine Curvatur wird häufiger ergriffen als die grosse, diffuse krebsige Infiltrate finden sich öfter als Carcinome auf der Vorder- und Hinterwand des Magens. Ich schliesse hier auch die Besprechung des Speiseröhrenkrebses an, der rücksichtlich seiner operativen Behandlung auch in das Gebiet der Magenchirurgie gehört.

Die Carcinome des Oesophagus und der Cardia setzen einem wirklich erfolgreichen Eingreifen des Chirurgen den schwersten Widerstand entgegen. Radikaloperationen sind an dieser Stelle unausführbar. Man muss sich mit der palliativen Maassregel der Magenfistelanlegung begnügen. Die Vergeblichkeit aller inneren Behandlung sowie die verhältnismässige Leichtigkeit der Operation hatte schon früh auf diesen Weg hingewiesen. Auf Grund des klassischen Beispiels von dem kanadischen Jäger St. Martin führte Sédillot im Jahre 1849 die erste Gastrostomie aus. Heute mag die Zahl der wegen Carcinom angelegten Magenfisteln die Zahl 500 überschritten haben. Die Zahl der an die Operation sich anschliessenden Todesfälle hat sich Dank der Vervollkommnung der Operationsbedingungen und Methoden wohl nicht unwesentlich verringert. Indess ist die durch den Eingriff gewonnene, beschwerdefreie Lebensfrist immer eine kurze geblieben.

Eine Zusammenstellung der bis zum Jahre 1885 wegen Carcinoms ausgeführten Gastrostomieen von Zesas und eine daran sich anschliessende von Gross enthalten 138 Fälle. Ich lasse die 25 Fälle, welche in der vorantiseptischen Zeit zur Operation kamen und alle bis auf 1 starben, ausser Rechnung. Von jenen gingen 24 durch die Operation zu Grunde, gewöhnlich infolge von Erschöpfung, Collaps, Shok, Peritonitis und Pneumonie. In den ersten Wochen nach der Operation starben noch 68, teils an später eintretenden Folgen des Eingriffs, teils an den unvermeidlichen Enderscheinungen des Carcinoms, an Marasmus, an Durchbruch des Carcinoms in die Trachea oder die Bronchien, in die Aorta, an Lungengangrän, Blutungen, Pleuritis und Pneumonie. So waren ungefähr 66 °/₀ schon im ersten Monat nach der Gastrostomie eingegangen. Bis zu 10 Monaten mit einer durchschnittlichen Lebensdauer von 5—6 Monaten lebten 28. Der Rest von

Carcinome des Oesophagus und der Cardia. Gastrostomie.

18 starb his auf 1, der es bis auf 14 Monate brachte, vor
Ablauf des auf die Operation folgenden Jahres. Auch die
Erfolge der wegen Oesophagus- und Cardiacarcinoms ausgeführten Gastrostomieen aus den letzten Jahren sind wenig
erfreuliche. Immerhin ist die Zahl der an die Operation
sich anschliessenden Todesfälle um ungefähr 35 % zurückgegangen. In den Mitteilungen einiger modernen Chirurgen
fand ich folgendes:

Tabelle zur Gastrostomie wegen Oesophagus- und Cardiacarcinoms.

Name.	Zahl der Gastro- stom.	Todes- fälle u. der Operat.	Ope- rative Erfolge	Bemerkungen.
1. Mikulicz	34	6	28	Durchschnittliche Lebensdauer 4½—5 Monate.
2. Hahn	17	14	3	Durchschnittliche Lebensdauer 3 Monat.
3. v. Hacker u. Struntz	16	2	14	7 lebten durchschnittlich 1, 7 „ 3 Monat.
4. Lindner	8 (Meth. Frank.)	3	5	Durchschnittliche Lebensdauer 3½ Monat.
5. Billroth	5 Meth. v. Hacker	—	5	Lebensdauer 2½—6 Monat Durchschnittlich 4 Monat.
6. Sonnenburg	5	2	3	Lebensdauer 1—6 Monat. Durch- schnittlich 3 Monat.
7. Frank	4	—	4	Durchschnittliche Lebensdauer 5 Monat.
8. Luecke	3	3	—	—
9. Robson	1	—	1	Lebensdauer 10 Monat.
10. v. Bergmann	1	—	1	„ „ 7 „
11. Sick	1	—	1	„ „ 6½ „
12. Hadra	1	—	1	„ „ 6 „
Summa:	96	30	66	14 starben nach durchschnittl. 1—2 Monaten, 52 nach 4—5 Monaten. Das entspricht 21 u. 79%.

Solche Ergebnisse mögen vermuten lassen, dass der
Tod der an Oesophagus- oder Cardiacarcinom Erkrankten
durch den operativen Eingriff nur beschleunigt werde.
Das Carcinom, sich selbst überlassen, führt nach dem

Auftreten sicherer Zeichen einer Verengerung in 6 bis 9 Monaten zum Tode. Der Genuss fester Nahrungsmittel verbietet sich bei der Zunahme der Verengerung und den Schmerzen in dem meist katharrhalisch erkrankten Oesophagus schon ziemlich früh. Der Genuss flüssiger Nahrung, die auch nur bis zu einem gewissen Zeitpunkte gegeben werden kann, oder die Klysmaernährung vermögen den Kräfteverfall nur wenig aufzuhalten. Die Sondenbehandlung ist wegen ihrer Nutzlosigkeit und der Gefahr der Perforation des morschen Oesophagus fast ganz verlassen und nicht zu empfehlen. Sie verschafft nur vorübergehend Erleichterung beim Schlucken, vermag indess das Wachstum der Geschwulst nicht aufzuhalten, beschleunigt es durch den starken Reiz vielleicht eher. Bei Ausführung einer Gastrostomie pflegt das Leiden ungefähr 5 bis 7 Monate bestanden zu haben. Es würde die Operation, wo sie überstanden wird, das Leben immer noch über 2 bis 3 Monate über das gewöhnliche Ende zu verlängern vermögen. Das ist leider nur ein kleiner Gewinn. Die Kranken kommen aber, da sie sich, selbst wo sie nur auf breiige oder flüssige Nahrung angewiesen sind, noch subjektiv erträglich fühlen, erst sehr spät zur Operation. Sie befinden sich dann in einem so schlechten Allgemeinzustande, dass sie die durch die Anlegung der Magenfistel bewirkte neue Ernährung nur schwer zu ertragen vermögen. Sie gehen, wenn nicht nach wenigen Tagen, nach wenigen Wochen oder Monaten zu Grunde. Würde dagegen die Operation in einem früheren Stadium unternommen werden können, wo der Kräfte- und Ernährungszustand noch nicht so zerrüttet ist, würde die Wirkung eine andere sein. In solchen Fällen hat man eine erhebliche Gewichtszunahme, Besserung des Allgemeinbefindens und eine wesentliche Lebensverlängerung erzielt. Die Erfolge, wie sie Robson, v. Bergmann, Sick und Hadra erzielten, stehen nicht vereinzelt da. Ewald berichtet über einen Fall, in dem nach vorangegangener Amputation der Mamma wegen Brustdrüsenkrebs und Ablösung des rechten Armes wegen Krebs des Schultergelenks schliesslich ein Speiseröhrenkrebs sich entwickelte. Die von Sonnenburg unternommene Gastrostomie verschaffte der Patientin noch eine Lebensfrist von $1/2$ Jahr, bis sie, nachdem ihre Verfassung eine recht gute gewesen war, an einer Metastase auf die Pleura zu Grunde ging.

Der neue Ernährungsweg entlastet auch die Geschwulst

von der Reizung durch die vorbeigleitenden und stag-
nicrenden Speisen und hält damit — man will dies auch
beim künstlichen After wegen Mastdarmkrebses beobachtet
haben — das Wachstum des Krebses auf. Lauenstein und
Kocher fanden selbst einen Nachlass der Verengerung.
Kochers Patient konnte nach vorsichtiger Dilatation von
der Magenwunde aus bis zu seinem Tode Flüssigkeiten
vom Munde aus zu sich nehmen. Auch Ewald tritt warm
für eine frühzeitige Vornahme der Operation ein und rät
zu derselben, sobald die Diagnose mit Sicherheit gestellt
ist, spätestens aber, sobald sich Beschwerden bei flüssiger
Kost einstellen.

Es dürfte noch ein Umstand zu Gunsten der Operation
sprechen, nämlich der, dass die Carcinome des Oesophagus
häufig ohne Metastasen bestehen, nur durch die Verhinderung
der Nahrungsaufnahme eine rasch verhängnisvolle Rückwirkung auf den Organismus ausüben.

Ein empfindlicher Nachteil der Operation besteht in
dem nicht seltenen Vorkommnis eines ungenügenden Fistel-
schlusses. Es liegen dann infolge der Einwirkung des
sauren Magensaftes stets die Gefahren einer Vergrösserung
der Fistel, einer Loslösung der Magenwand von der Bauchwand und einer Infektion des Bauchfells mit austretendem
Mageninhalt vor.

v. Hacker, Hahn, Witzel, Frank haben in der letzten
Zeit sich bemüht, schon durch möglichst geschickte Be-
nutzung der anatomischen Verhältnisse einen guten Verschluss der Fistel zu erzielen, um nicht auf die Wirkung
der künstlichen Obturatoren allein angewiesen zu sein.
v. Hacker benutzt die Fasern des Musculus rectus abdominis, Hahn die unteren, elastischen Rippen zur Kompression
eines hervorgezogenen Magenzipfels. Witzel näht eine
Längsfalte des Magens in einen Hautmuskelkanal ein und
erreicht durch den gekrümmten Verlauf derselben einen
guten Abschluss der Fistelöffnung. Frank zieht einen
Magenzipfel unter einer Hautbrücke durch, welche vermöge
ihrer Elastizität denselben zusammengedrückt erhält. Die
genannten Methoden, namentlich die von Hahn und Frank,
haben ausserdem den Vorzug, dass der künstliche Magen-
mund ziemlich hoch zu liegen kommt, so dass der saure
Mageninhalt ihn nicht so leicht zu berühren vermag.

Die Ernährung durch die Fistel geschieht mit möglichst nahrhafter, flüssiger und später breiiger, selbst festerer
Kost. Sie wird vermittelst einer Sonde in den Magen

gebracht. Ewald und Trendelenburg liessen ihre Patienten, um auch den Gaumen zu seinem Rechte kommen zu lassen, die Speisen erst kauen und dann durch eine Hartgummiröhre sich in den Magen hinunterbefördern. Wo die Magenverdauung darniederliegt, übernimmt der Darm dieselbe. Mit der Eröffnung des neuen Ernährungsweges ist der Kranke vor den Qualen des Verhungerns und Verdurstens gesichert. Zwar ist er nur auf ein sehr ruhiges Leben angewiesen, wird auch auf grösseren gesellschaftlichen Verkehr verzichten müssen, doch ist er für den Rest seiner Tage grösserer Beschwerden überhoben. Der Tod tritt schliesslich infolge des Weitergreifens des Carcinoms ein.

Trotz des anscheinend geringen Gewinnes wird sich die Operation gegenüber den sonst so traurigen Aussichten unbedingt empfehlen und wird möglichst früh auf sie zu dringen sein. Sie bietet dann die beste Prognose. Den Zeitpunkt, wo Regurgitation von Flüssigkeit eintritt, sollten wir als den spätesten für die Vornahme der Gastrostomie annehmen.

Wo der Magen wegen starker Schrumpfung, ein bei Oesophaguscarcinom nicht gerade seltenes Vorkommnis, oder wegen krebsiger Verhärtung seiner Wände sich für eine Gastrostomie als ungeeignet erweist, ist von Langenbuch und Hahn die Anlegung eines Dünndarmmundes in einer Bauchdeckenöffnung vorgenommen worden. Das Galle und Pankreassaft führende Duodenum wird in eine Bauchdeckenwunde mit einer längs- oder quergestellten Oeffnung eingefügt; oder man lässt das Duodenum in den distalen Teil der auf das Duodenum folgenden Jejunumschlinge münden, während deren proximales Ende sich nach aussen öffnet. Die Operation, deren Ausführung geringere Schwierigkeiten bieten soll als die der Gastrostomie, hat die nicht zu unterschätzende Gefahr, dass der Darm unter den neuen Bedingungen der Nahrungszufuhr leicht zu heftigen Diarrhoeen neigt, die wiederholt zum Tode geführt haben. Die Ernährung darf jedes Mal nur mit geringen Mengen vorgenommen werden. Unter 4 Fällen, die von Hahn und von Eiselsberg wegen Unausführbarkeit einer Gastrostomie der Jejunostomie unterworfen wurden, war nur ein Fall (v. Eiselsberg) von verhältnismässig günstigem Erfolge begleitet. Die Kranke hatte nach 4 Monaten 16 Pfund an Gewicht zugenommen. Eine carcinomatöse Verengerung der Cardia war soweit zurückgegangen, dass auch wieder durch den Mund ernährt werden konnte.

Jejunostomie.

Es kann im übrigen meist nur durch den Chirurgen nach Eröffnung der Bauchhöhle entschieden werden, ob die Stenose durch eine Gastrostomie oder eine Jejunostomie auszugleichen ist. Die Notwendigkeit letzterer wird nur dort mit Sicherheit vorausgesagt werden können, wo bei gleichzeitiger Verengerung einer Oesophagus- oder Cardiaverengerung sich ein Tumor im linken Epigastrium oder ein Hindernis am Pylorus feststellen lässt.

Carcinome am Magenkörper. Pyloruscarcinom. Von den Carcinomen der übrigen Regionen des Magens kommt verwiegend das des Pylorus zur operativen Behandlung. Es ist dasjenige, welches im allgemeinen früh zu Beschwerden führt und damit den Kranken veranlasst, bald Rat und Hülfe nachzusuchen. Entwickelt sich das Carcinom an anderen Teilen des Magens, so pflegen die Stagnationserscheinungen und Schmerzen selten schon früh zu stärkeren Beschwerden Veranlassung zu geben. Die Kranken werden erst durch die unaufhaltsame Gewichts- und Kräfteabnahme um ihren Zustand besorgter und suchen dann erst zu einer Zeit den Arzt auf, wo die Ausdehnung des Carcinoms einen operativen Eingriff nicht mehr gestattet.

Radikaloperation. Resektion. Resektion mit Gastroenterostomie. Die radikale Entfernung des Pyloruscarcinoms soll durch die Resektion des Pförtners mit einem grösseren oder geringeren Anteil der Magenwände oder des Duodenum erreicht werden. Péan und Billroth gaben, wie schon erwähnt, dieses „typische" Verfahren an. Dort, wo Magen und Duodenum sich nach der Resektion nicht mehr direkt vereinigen lassen, wird nach ihrem Verschluss eine Magenjejunal- oder Magenduodenalfistel (Kocher) angelegt. Auch bei hochgradiger Erweiterung soll nur letzteres Verfahren geübt werden, um den Magen bei der Herausschaffung des Inhalts nicht mit zu schwerer Arbeit zu belasten. Ausserdem soll dieses den Vorteil haben, dass nicht nur weit ins gesunde Gewebe hinein vorgegangen werden könne, da man einen grösseren Abstand zwischen Magen und Duodenum nicht zu scheuen brauche, sondern dass sich auch die Vernähung der Wundränder leichter erreichen lasse, da man das Zusammentreffen dreier Nahtreihen vermeide. Wir werden auch hier zunächst darnach fragen, welches die bisherigen Ergebnisse solcher eingreifenden Operationen seien, wie hoch die Sterblichkeitsziffer nach der Operation, welches der Zustand und wie gross die durchschnittliche Lebensdauer derer sei, die den Eingriff überstanden haben. Folgende Zusammenstellung, die sich

an eine bis zum Jahre 1893 reichende Statistik von Dreydorff und Debove und Rémond anlehnt, auch möglichst
die in den letzten Jahren und Monaten zur Operation ge-
kommenen Fälle berücksichtigt, mag den heutigen Stand
der erwähnten Operationen veranschaulichen.

Tabelle zur Resektion, Resektion kombiniert mit Gastro-
duodenostomie oder Gastrojejunostomie bei Pyloruscarcinom.

Wo keine genaueren Angaben gemacht sind, ist die typische Resektion
geübt worden.

Name.	Zahl d. Operat.	Todes- fälle n. der Operat.	Ope- rative Erfolge	Bemerkungen.
1. Billroth a. typische Re- sektionen.	24	15	9	6 der Operierten starben an Re- cidiv 4, 8 J. 6 Mon., 10, 12, 13, 17 Monate nach der Operation, von 2 fehlt Bericht. Ein Fall war noch nach 2 Jahren völlig gesund. Durchschnitt 12—13 Monate.
b. Resektion mit Gastro- jejunostomie.	1	—	1	Tod 4 Monate p. op. an Recidiv.
2. Kocher a. typische Resektionen.	6	2	4	Die Lebensdauer betrug nach den Berichten 6 Monate. 2 Jahr, 3 Jahr. Im 4. Falle fehlt Bericht. Durchschnitt über 1 J. 6 Mon.
b. Resektion mit Gastro- duodenostomie	15	3 (1 mal Tod 4 Woch. p. op an multipl Em- bolieen der Hirnar- terien.	12	Die 3 ersten Fälle starben un- gefähr 1 Jahr p. op. an Leberkrebs. 3 andere leben noch 20 Monate p. op., 1 mal mit neuen Magen- beschwerden, 2 mal mit Rectum- carcinom. 1 anderer Fall wird 13 Monat p. op. der Gastroje- junostomie unterworfen. 3 andere sind nach 8, 8 und 18 Monaten ge- sund. Die beiden letzten Fälle sind wohl und vor kurzem operiert. Durchschnitt 1 J. 3 Mon.
3. Czerny a. typische Resektionen.	14	4	10	Es starben an Recidiv und Cachexie 7 Fälle nach 3, 7, 7, 9 J. 6 Mon., 10, 15, 18 Monaten. 1 starb nach 2 J. 9 Mon. an Recidiv. 2 sind gesund, nachdem sie vor 7 u. 14 Monaten operiert wurden. 1 Fall, der vor 4 Jahren operiert wurde, ist heute noch völlig gesund. Durchschnitt der 7 ersten Fälle cr. 10 Monat.
b. Resektion mit Gastro- jejunostomie.	1	1	—	

Name.	Zahl d. Operat.	Todes-fälle n. der Operat.	Ope-rative Erfolge	Bemerkungen.
4. Kappeler.	13	5	8	4 starben an Recidiv und Marasmus 15 Woch., 7, 9, 17 Monate nach der Operation. 3 befanden sich 4, 5, 9 Monate p. op. sehr gut. 1 mal 1 J. 6 Mon. p. op. Ovariotomie und Colotomie wegen Carcinoms der Ovarien und des Mastdarms. Durchschnitt der 5 Fälle mit ent-schiedenem Bericht cr. 10 Monat.
5. Doyen.	11	4	7	Berichte über Zustand und Le-bensdauer p. op. waren nicht vor-handen.
6. Hahn Resektion mit Gastro-enterostomie.	11	5	6	3 starben an Recidiv nach 3, 13, 15 Monaten. 2 befanden sich vorzüglich nach 2, 9 Monaten. 1 lebte noch in voller Gesundheit 4 Jahre p. op. Durchschnitt der 3 ersten Fälle 10 Monate.
7. Kroenlein.	11	3	8	4 starben an Recidiv 1 J. 3, 1 J. 6, 1 J. 9, 2 J. 3 Mon. p. op. über die 4 anderen ist nichts bekannt. Durch-schnitt in den 4 ersten Fällen 20 Monat.
8. Loebker.	10	5	5	1 starb an Recidiv 8 Monate p. op. Die 4 anderen lebten durch-schnittlich 1 J. 3 Mon.
9. Heinecke.	8	6	2	1 starb 1 Jahr p. op. an Recidiv. Im 2. Falle war das Befinden nach 3 Monaten gut, 15 kg Gewichts-zunahme. Weiteres fehlt.
10. Angerer.	5	5 2 starb. 14 Tage p. op. au Er-schöp-fung.	—	—
11. Schoenborn.	5	3	2	Starben 6 und 13 Monate p. op. an Recidiv Durchschnitt 9 Mon. 2 Wochen.
12. Lauenstein.	4	2	2	Genauere Berichte fehlen.
13. Kraske.	4	3	1	desgl.
14. Mikulicz.	18	5	13	Die Heilungen dauerten — ge-nauere Berichte fehlen — durch-schnittlich 1 Jahr 3 Mon. an.
15. Rydygier.	3	2	1	Tod 2 J. 6 Mon. p. op. an Recidiv.

N a m e.	Zahl d. Operat.	Todes- fälle n. der Operat.	Ope- rative Erfolge	B e m e r k u n g e n.
16. v. Hacker.	3	—	3	2 starben nach 9 Mon. und 2 Jhr. 9 Mon. an Recidiv. Der 3. lebt heute noch, nachdem er vor 3 Jahren operiert ist.
17. Langen- buch.	3	2	1	Genauerer Bericht fehlt.
18. Permann.	3	2	1	Nach 6 Monaten gutes Befinden. Weiteres fehlt.
19. v. Eiselsbg. a. typische Resektionen.	2	—	2	1 starb 5 Monat p. op. an Py- aemia chronica. 1 lebt bei gutem Befinden 9 Monat p. op.
b. Resektion mit Gastro- jejunostomie.	1	1	—	
20. Luecke.	2	1	1	Nach 2 Monaten gutes Befinden. Weiteres fehlt.
21. Trendelen- burg.	2	2	—	
22. Sociu.	2	1	1	Tod 2 Jahr 6 Mon. nach der 1. Op., 1 Jahr 6 Mon. p. 1 op. Gastro- jejunostomie wegen Recidivs.
23. Obalinski.	2	—	2	1 starb 4 Monate p. op. an Re- cidiv. 1 war 3 Monat p. op. gesund. Weiteres fehlt.
24. Schramm.	2	—	2	1 starb 1 Jahr p. op. an Recidiv. 1 lebte 4 Monate p. op. bei gutem Befinden. Weiteres fehlt.
25. Wölfler.	1	—	1	Dieser seltene Fall, 1881 ope- riert, starb 1886 5 Jahre p. op. an Drüsenrecidiv.
Summa:	187	82 d. ent- spricht 44 %	105 un- gefähr 56 %	Durchschnittliche Lebensdauer 1 J. 3 Mon. bis 1 J. 6 Mon. Die seltenen über 3 Jahre anhaltenden Heilg. sind nicht mit eingerechnet.

Die Ergebnisse sind nicht so erfreulich, wie man es wünschen möchte. Indess ist zu bedenken, dass in die erwähnte Summe der Operationen auch diejenigen einge- schlossen sind, welche zu einer Zeit ausgeführt wurden, in der mit der Ausübung der schwierigen Technik und Methode die ersten praktischen Versuche auf dem Opera- tionstisch gemacht wurden. Dreydorff fand unter den Re- sektionen der ersten 5 Jahre eine Sterblichkeit von über 70%. Diese dürfte, wenn wir die Resultate der letzten 5 Jahre in Betracht ziehen, wohl um 25—30% gesunken sein. Ich mache hier noch einmal auf die Erfolge von Kocher

(24 % Sterblichkeit), Kroenlein (27 %), Mikulicz (28 %), Cyerny (28,5 %), Kappeler (38 %) und Hahn (45 %) aufmerksam. Persönliche Uebung und Geschicklichkeit, die im Laufe der Jahre eine bessere wird, wird vielleicht noch eine weitere Herabsetzung der Zahl der Misserfolge herbeiführen.

Prognose d. Radikaloperation. An und für sich ist die Prognose der schweren Operationen von vornherein nie mit Sicherheit zu stellen. Abgesehen von den üblen Zufällen bei der Narkose, dem Shok, einer mangelhaften Sauberkeit während des Operierens, den Gefahren des Collapses bei den oft sehr geschwächten Kranken, den nachfolgenden Pneumonieen, giebt die oft wider alles Erwarten und vor Eröffnung der Bauchhöhle gar nicht erkennbare Ausbreitung des Carcinoms auf das Peritoneum, daneben die schwierige Technik trotz aller darauf hinzielenden Bemühungen zu vielen Misserfolgen Veranlassung. Namentlich ist eine genaue Vernähung der Magen- und Darmwundränder oft äusserst schwer zu erreichen, während andrerseits bei zu dichter Nahtanlegung Gangrän derselben eintritt. Auch findet oft, bemerkt Billroth, ein zu frühes Durchschneiden der Nähte statt, teils durch die sehr dünne Wand des Duodenum, teils durch Stellen, von denen Adhäsionen losgelöst wurden, oder wo die Naht durch schwielige Partieen gelegt wurde.

Anatomische Bedingungen für die Pylorusresektion. Die früher so zahlreichen Misserfolge nach der Radikaloperation waren in vielen Fällen dadurch veranlasst, dass man die Grenzen ihrer Anwendung zu weit zog. Man ist heute vorsichtiger geworden. Allgemein will man jetzt nur da zur Resektion schreiten, wo der Kräftezustand ein der Schwere des Eingriffs angemessener ist, wo das Carcinom nicht zu gross, ohne stärkere Verwachsungen mit den Nachbarorganen und ohne Metastasen gefunden wird. Einige sehen in vergrösserten Lymphdrüsen keine Kontraindikation gegen die Radikaloperation. Häufig seien derartige geschwollene Drüsen nur in dem Zustande einfacher Entzündung, ohne krebsig erkrankt zu sein. Czerny und Rindfleisch wollen nur dann zu einer radikalen Entfernung des Krebses schreiten, wenn derselbe von aussen noch nicht als Tumor gefühlt werden kann. Bei fühlbarer, höckriger Geschwulst sei es fast stets zu Verwachsungen und Metastasen gekommen, welche eine Radikalheilung verhinderten. Was wir durch die Operation heilen könnten, sei in den seltensten Fällen der Krebs, dagegen fast immer das Hinderniss, welches durch denselben der Fortschaffung des

Mageninhalts gesetzt würde. Wir müssten, wenn wir diesen Satz gelten lassen wollten, in der Mehrzahl der Fälle auf die Resektion verzichten. Es giebt palpable Pylorustumoren, die ohne Verwachsungen und Metastasen bestehen, deren Exstirpation eine relativ leichte ist und, wenn nicht mit der Hoffnung auf eine dauernde, so doch zum mindesten auf eine um vieles länger anhaltende Heilung geschehen kann, als sie die Gastroenterostomie zu versprechen vermag. Es giebt Fälle, wo nach Eröffnung der Bauchhöhle an Stelle einer geplanten Gastroenterostomie doch noch die Resektion ausgeführt werden kann. Die thatsächliche Grösse eines Tumors ist stets geringer, als sie dem palpierenden Finger durch die Bauchdecken hindurch erscheint. (Ewald.) Oft genug ist allerdings das Umgekehrte der Fall. Mehr als die Grösse des Tumors kommt seine Beweglichkeit in Betracht. Ein grosser, aber beweglicher Tumor bietet für eine Exstirpation günstigere Bedingungen als ein kleiner, aber durch Verwachsungen unbeweglicher. Leichte Verwachsungen wird man immerhin lösen, sie bedeuten nicht durchaus ein Uebergreifen des Carcinoms auf die benachbarten Organe. Der schwerste Uebelstand bei der Exstirpation des Carcinoms, der auch immer wieder zu Recidiven und schnellen Todesfällen Veranlassung giebt, ist der, dass sich eine sichere Grenze zwischen krankhaftem und gesundem Gewebe auf dem Operationstische nicht ziehen lässt. Mikroskopische Untersuchungen lassen sich nicht anstellen. Besonders gilt dies von den Carcinomen, die ihren Hauptsitz an der kleinen Curvatur haben und nach dem Pylorus zu greifen. Es handelt sich hier meistens um die sogenannten infiltrierenden Krebse, die auch in die vordere und hintere Magenwand eingedrungen sind. Ausserdem sollen bei denselben nach Hahn auch häufiger Metastasen vorkommen als bei den Carcinomen des Pylorus. Zweifellos erschwert dazu die Lage der kleinen Curvatur eine gründliche Entfernung alles Kranken, wie eine sorgfältige Vernähung der Wundränder.

Wir kommen damit zu der Frage nach der Frühdiagnose des Magenkrebses, d. h. nach der Erkennung desselben, ohne dass ein deutlicher Tumor fühlbar ist. Es sind mir nur 2 Fälle aus der Litteratur bekannt geworden, bei denen, ohne dass eine Geschwulst festzustellen war, nur auf Grund der Kachexie, der Stagnation, des Salzsäuremangels und der Milchsäureanwesenheit eine erfolg-

Ueber die Frühdiagnose des Carcinoms.

reiche Resektion eines carcinomatösen Pylorus vorgenommen
wurde. Es sind dies die beiden Fälle von Hahn und Jaffé
in Posen. Der Anwesenheit grösserer Mengen von Milchsäure wird von Boas eine hohe Bedeutung für die Diagnose
des Magencarcinoms beigelegt. und kürzlich von Kaufmann
in Wien auch den langen, Milchsäure bildenden Bakterien.
Zwar findet sich die Milchsäure nach den Untersuchungen
von Ewald, Klemperer, Rosenheim auch in einzelnen Fällen
nicht krebsiger Erkrankungen. Doch scheint ihr Nachweis,
wenn auch die Frage noch nicht ganz abgethan ist, für
die Differentialdiagnose zwischen bösartigen und gutartigen
Erkrankungen des Magens einen erheblichen Wert zu
haben. Die Fälle von gutartigen Zuständen, bei denen sie
sich findet. sind sehr selten. Trotz alledem wird man bei
Verdacht auf Carcinom und Steigerung der Milchsäuregährung nicht ohne die Anwesenheit eines Tumors operieren
wollen. Man wird in solchen Fällen erst dann zur
Operation schreiten, wenn eine schwere mechanische
Insufficienz bei gleichzeitiger Ektasie und ein unaufhalt-
samer Kräfteverfall auf ein Hindernis am Pylorus hinweisen.
Uebrigens geht die Entwicklung des Carcinoms der der
gesteigerten Milchsäureproduktion voran, so dass, wo erst
kurze Zeit die Milchsäuregährung bestand, sich im ver-
borgenen ein Carcinom gebildet haben kann, das nach der
Eröffnung der Bauchhöhle sich als inoperabel erweist.
Ewald empfiehlt in allen verdächtigen Fällen die Untersuchung in der Narkose. Schliesslich bliebe noch die
später zu besprechende Explorativlaparotomie übrig. Doch
oft führen uns selbst diese Mittel nicht zum Ziel. Es
wird daher einstweilen immer erst operiert werden können,
bis eine Geschwulst sicher feststellbar ist. Dass übrigens
auch unter den jetzigen Bedingungen Resultate erzielt
werden, die einer Radikalheilung nahe kommen, lehren die
Fälle von Wölfler, Miram, welche 5 Jahre lang sich bester
Gesundheit erfreuten, um dann an den Erscheinungen
eines Recidivs wieder zu erkranken, ferner die von Hahn
und Czerny, welche heute noch, $4\frac{1}{2}$ Jahr nach der Operation,
sich recht wohl befinden.

Gastroen-
terostomie. Wo die radikale Entfernung des Pyloruscarcinoms
nicht mehr möglich ist, bezweckt der operative Eingriff
nur eine Hebung der durch das Hindernis am Pförtner
bedingten mechanischen Insufficienz. Durch Beseitigung
der Beschwerden, die die Stagnation veranlassen durch die
Möglichkeit, dem Organismus nun wieder die gehörige

Nahrung zuführen zu können, wird für die Kranken ein erträglicher Zustand während des Restes ihres Lebens erreicht. Die Operation wird natürlich nie erfreuliche Endresultate geben. Sie besteht in der Bildung einer Anastomose zwischen dem Magen und einer hoch gelegenen Dünndarmschlinge und wurde als Gastroenterostomie zuerst von Wölfler im Jahre 1881 angegeben. Ueber ihre Ergebnisse vermag ich, aus den früher erwähnten Quellen schöpfend, folgendes anzugeben:

Tabelle zur Gastroenterostomie beim Carcinom des Magens.

Name.	Zahl d. Operat.	Todes- fälle n. der Operat.	Ope- rative Erfolge	Bemerkungen.
1. Czerny.	30	11	19	Vor Ablauf des 4. Monats starben 4. Bis zum 8. Monat p. op. starben weitere 6. 1 war nach 8 Monaten gesund. 5 andere starben 9 und 11 Monat, 1 J., 1 J. 6 Mon., p. op. 3 kürzlich Operierte befinden sich auf dem Wege der Besserung. Bei den letzten 10 G. E. hatte C. 2 Misserfolge.
2. v. Eiselsberg.	25	6	19	Durchschnittlich lebten sie 7 Monat. 2 Männer hatten nach 3 und 8 Monaten je 30 Pf. zugenommen. Genauere Berichte fehlen.
3. Hahn.	22	6	16	4 starben nach cr. 3 Monat, 1 8 Mon. p. op., 1 etwas über 1 Jahr p. op. 1 hatte während der 7 Monate p. op. koncipiert und die künstliche Frühgeburt überstanden. 2 waren nach 6 Mon. bei gutem Befinden. Von 7 fehlt genauerer Bericht. Durchschnitt cr. 6—8 Monat.
4. Mikulicz.	21	5	16	Durchschnittl. Lebensdauer 7½ Mon. Längste Lebensdauer betrug 2 Jahre in 1 Fall.
5. Doyen.	16	4	12	Genaue Angaben fehlen.
6. Billroth.	15	7	8	2 starben 4 und 7½ Mon. p. op. Ueber die 5 anderen wurde nichts bekannt. Durchschnittl. Lebensdauer 6 Monat.
7. Lauenstein.	13	4	9	Genauere Angaben fehlen. Durchschnitt 5 Monat, 3—5 Monat beschwerdefrei.

2*

Name.	Zahl d. Operat.	Todesfälle n. der Operat.	Operative Erfolge	Bemerkungen.
8. Senn.	13	9	4	3 starben 3, 4, 4 Mon. p. op. an Marasmus, 1 lebte bis zu 20 Mon. p. op.
9. Kraske.	10	3	7	Durchschnittliche Lebensdauer 6½ Mon. Diese 7 G. E. wurden hintereinander mit Erfolg ausgeführt.
10. Luecke.	8	1	7	Vor Ablauf des 3. Monats starben 2, des 6. Monats weitere 2. 3 lebten bis zu 1 J., 1 J. 3, und 1 J. 6 Mon. Durchschnittlliche Lebensdauer 8½ Mon.
11. v. Hacker.	7	5	2	Starben 4 Monate p. op. an Marasmus.
12. Löbker.	7	3	4	Genauere Angaben fehlen.
13. v. Bardeleben.	3	3	—	—
14. Rotter.	3	1 (Tod durch Ileus infolge Kompression d. abführenden Schenkels.)	2	1 starb 9 Monate p. op. Nach 6 Mon. 30 Pfd. Gewichtszunahme. 1 anderer Fall hatte nach 2 Mon. 30 Pfd. an Gewicht zugenommen. Endbericht fehlt.
15. Permann.	3	2	1	Die Heilung hielt über 6 Mon. an.
16. Rydygier.	2	1	1	Genauerer Bericht fehlt.
17. Thiriar.	2	—	2	Mit Besserung und Gewichtszunahme entlassen. Weiteres fehlt.
18. v. Bergmann.	1	—	1	Nach 7 Mon. mit vorzüglichem Befinden wieder vorgestellt. Weiteres fehlt.
19. Socin.	1	—	1	Starb 18 Monate p. G. E. Diese wurde wegen eines Carcinoms ausgeführt, dessentwegen 1 Jahr vorher die Resektion ausgeführt worden war. Die Operation hielt ihn also 2 J. 6 Mon. am Leben.
20. Walker.	1	—	1	Nach 6 Monaten gesund und arbeitsfähig. Weiteres fehlt.
Summe:	208	71 das entspricht ungefähr: 35,4 %	132 64,6 %	Es starben, soweit sich aus den genauen Angaben entnehmen lässt: Vor Ablauf des 4. Monats p. op. 24 %, bis zum 8. Mon. p. op. 48 %; über 8 Monat bis zu 1 Jahr und länger lebten ungefähr 28 %. Durchschnittliche Lebensdauer: 6—8 Monat.

Die Ergebnisse stehen hiernach, was die Höhe der Sterblichkeitsziffer betrifft, nicht unwesentlich über denen der Radikaloperation. Auch scheint die persönliche Uebung bei der Gastroenterostomie mehr wie anderswo von Einfluss zu sein. So hatten Luecke nur eine Sterblichkeit im Anschluss an die Operation von 12,5 %, Mikulicz von 23,8 %, v. Eiselsberg von 24 %, Hahn von 27,2 %, Kraske von 30,0 %, Lauenstein von 30,7 %, Czerny von 36,6 %. Hahn erzielte in der letzten Zeit 15 Erfolge hintereinander, Czerny, Luecke und Kraske je 7. Die Operation verschafft dem Kranken, der schliesslich an Marasmus, Ausbreitung des Carcinoms, Perforation desselben oder neuem Verschluss der Fistel durch den weiter wuchernden Krebs zu Grunde geht, eine verhältnismässig beschwerdefreie Frist von 6—8 Monaten.

Die Gastroenterostomie ist nun dort auszuführen, wo Verwachsungen mit der Leber, der Gallenblase, dem Pankreas, dem Darm oder dem Netz, oder das Bestehen von deutlichen Metastasen die Radikaloperation unmöglich oder zu einem nur gefährlichen und wenig erfolgreichen Eingriff machen. Kocher warnt vor Verwachsungen oder Metastasen allzusehr zurückzuscheuen, dem Kranken die Möglichkeit einer längeren Lebensdauer durch Unterlassung der Resektion abzuschneiden und die Radikaloperation vor der Gastroenterostomie zurücktreten zu lassen. Die guten Erfolge eines so ausgezeichneten Operateurs wie Kocher dürften indess auf die bisher geübte Vorsicht keinen Einfluss gewinnen. Czerny spricht sich in ganz anderem Sinne wie Kocher aus, und Lauenstein giebt selbst bei operabelem Carcinom der Gastroenterostomie vor der Resektion den Vorzug, als der Operation, die bei leichterer und schnellerer Ausführbarkeit auch geringere Anforderungen an die Kräfte des Kranken stelle. Die günstigen Ausgänge mit gutem Befinden und längerer Lebensdauer werden namentlich in den Fällen zu stande kommen, wo nur einfache Verwachsungen ohne deutliche Metastasen die Resektion verhindern und zur Gastroenterostomie zwingen. Nicht auszuführen wird die Operation dort sein, wo das Carcinom bereits in die Magenwände eingedrungen ist, und, wenn es nicht direkt die Anlegung einer Fistel zur Unmöglichkeit macht, dieselbe in kürzester Zeit überwuchern und verschliessen würde. Starke Entwicklung von Metastasen, die vor Eröffnung der Bauchhöhle garnicht erkannt werden können, veranlasst nicht wenige Operateure, unter anderen auch v. Bergmann, überhaupt von jedem

Anatomische Bedingungen für die Gastroenterostomie.

weiteren Eingriff als der Laparotomie Abstand zu nehmen. Vielen gelten Czernys resignierte Worte: „Scheinbar verlängert die einfache Laparotomie das Leben des Kranken mehr als die Gastroenterostomie." Allerdings bleibt das Leben ein trauriger Rest voller Qualen. Eine Kontraindikation gegen die Operation würde auch ein schon allzuweit fortgeschrittener Marasmus sein.

Jejunostomie.

In den Fällen, wo die Gastroenterostomie wegen der erwähnten pathologischen Verhältnisse unausführbar ist, hat man öfters die schon oben beschriebene Jejunostomie unternommen. Maydl tritt eifrig für dieselbe ein und erwartet sogar, dass sie als eine leichte und gefahrlose Operation die Gastroenterostomie verdrängen werde. Maydl giebt eine Mitteilung über 3 von ihm operierte Kranke. Es handelte sich um grosse, stenosierende Carcinome, die mit den Bauchdecken und dem Colon transversum stark verwachsen waren. Aehnliche Verhältnisse lagen in den Fällen von Albert, Langenbuch, Southam, Robertson, Golding-Bird, Pearce Gould und Jesset vor. (Nach Debove und Rémond.) Unter diesen bekannten 10 Fällen überlebten nur 3 die Operation, um nach einigen Wochen an Inanition zu Grunde zu gehen. In verzweifelten Fällen wird die Operation als ultimum remedium berechtigt sein. Dass die Jejunostomie aber dort, wo eine Gastroenterostomie noch ausführbar ist, an Stelle dieser treten werde, ist wenig wahrscheinlich. Die Ernährung durch Mund und Magen wird der Ernährung nur durch den Darm, dazu von einer künstlichen Bauchdeckenöffnung aus, sicher überlegen bleiben.

Ueber das funktionelle Resultat d. Operationen bei Carcinom.

Es ist keine müssige Frage, wie sich nach den besprochenen Operationen nun die Funktionen des Magens gestalten. Jaworski, Kaensche, Rosenheim haben in den letzten Jahren darüber eingehende Untersuchungen angestellt. Mintz warnt, die Prognose nach einer Operation nur aus dem subjektiven Befinden des Operierten zu stellen. Notwendig müssten die Magenfunktionen gute sein, wenn eine längere Zeit guten Befindens erreicht werden solle. Auch schätzt er den Wert einer Operation nach diesem funktionellen Ergebnis und will der den Vorzug geben, nach der sich dasselbe am günstigsten gestaltet, ohne Rücksicht auf ihre unmittelbaren Gefahren. Die Untersuchungen, die an mehreren Kranken wiederholt nach längeren Pausen angestellt wurden, haben nun folgendes ergeben:

Nach der typischen Resektion des carcinomatösen

Pylorus kehren die Magendimensionen zu den normalen
Grössenverhältnissen zurück. Auch die motorische Thätigkeit erreicht nahezu ihre alte Kraft. Der Grad derselben
hängt von dem Zustande der Muskulatur ab. Wo diese
atrophisch oder durch den Krebs vernichtet ist, wird nicht
viel zu erwarten sein. Bei Besserung der motorischen
Funktion verschwindet auch die Stagnation der Speisen.
Wo dieselben noch längere Zeit nach ihrer Einnahme
zurückgehalten werden, sollten nie Spülungen unterlassen
werden. Der neu geschaffene Pförtner pflegt ähnlich einem
natürlichen zu wirken. Eingetriebene Luft bleibt im Magen
zurück und entweicht beim Oeffnen des Magenschlauches
nach aussen. Die Speisen treten in Absätzen in den Darm.
Die Thätigkeit des neuen Ausführungsweges führt Rosenheim auf die Wirkung des zurückgebliebenen Teils der
Pylorusmuskulatur zurück; nach Mintz übernimmt das an-
gefügte Duodenum die Rolle des Pförtners. — Die Sekretion
bleibt auch nach der Operation unverändert. Salzsäure fand
sich nur äusserst selten wieder im Magen vor. Das Carcinom pflegt durch seine Rückwirkung auf den ganzen Organismus, durch die hervorgerufene Stagnation und Gährung
in der Regel zu vollständiger Atrophie der Drüsen zu führen.
Nur in 2 Fällen von Rosenheim und Boas soll sich Salzsäure nach der Operation wieder vorgefunden haben. Es
müssen hier noch vereinzelte Particen der Schleimhaut von
der Atrophie nicht berührt worden sein. Das Eiweiss wird
trotz des Salzsäuremangels verarbeitet, und zwar im Darm.
Notwendig müssen aber (v. Noorden) die motorischen Kräfte
des Magens und die übrigen Abschnitte des Darmes in einem
gesunden Zustande sein. Bei genügender motorischer Funktion des Magens kann seine chemische entbehrt werden. —
Ueber die funktionellen Resultate der mit der Gastroduodeno-
stomie oder der Gastrojejunostomie verbundenen Resektion
scheinen noch keine Untersuchungen vorzuliegen.

Die Thätigkeit des Magens nach der wegen inoperabelen Pyloruscarcinoms ausgeführten Gastroenterostomie
gestaltet sich folgendermassen: die sekretorische Funktion
des Magens wird immer schlechter, um nach einigen Monaten ganz zu erlöschen. Die Operation beseitigt die Stagnation und Gährung, hält aber die Atrophie der Drüsen
nicht auf, die bei allem Wohlbefinden rasch eine voll-
ständige wird. Der Magenmechanismus erfährt indess allmählich eine bedeutende Besserung, doch kehrt er beim
Weiterwachsen des Carcinoms nicht zur Norm zurück.
Tarim arve ist sich der Magen leer, doch werden die

Speisen langsamer als gewöhnlich in den Darm befördert. Auch hier sind Ausspülungen von grossem Nutzen. Der künstliche Pförtner funktioniert in der schon früher beschriebenen Weise, erfüllt indessen seine Aufgabe nur so lange, als er nicht von dem fortwuchernden Krebs mit ergriffen wird. Die Darmmuskulatur soll zusammen mit der Spannung der Wände des gefüllten Magens die sonst dem normalen Pylorus zukommenden Wirkungen ausüben.

Mit dem Nachlass der Stauung und Gährung der Speisen pflegen die Schmerzen, die Appetitlosigkeit, das Aufstossen, Erbrechen, die Stuhlverstopfung bald zu verschwinden. Mit der besseren Ernährung verliert sich die Mattigkeit, der Körper gewinnt wieder an Gewicht und Kräften. Die Kranken können leichte, oft auch ihre alte, schwere Arbeit übernehmen und vorsichtig ihre frühere Lebensweise beginnen. In einem Falle von Hahn koncipierte eine Frau nach der wegen inoperabelen Pyloruscarcinoms ausgeführten Gastroenterostomie und überstand im 7. Monat nach der Operation die künstliche Frühgeburt. In allen Fällen wird sich indess eine ruhige und vorsichtige Lebensweise mehr empfehlen; es ist wahrscheinlich, dass dann die später wieder auftretenden Beschwerden nicht so heftige und kürzer dauernde sind. Der Tod durch das Carcinom wird durch keine von beiden Operationen verhindert. Bei der Resektion ist das Wiederauftreten eines Recidivs oder einer metastatischen Geschwulst die Regel, bei der Gastroenterostomie wird das Wachstum des Carcinoms, wenn auch die Reizung durch die Speisen fortfällt, nur wenig aufgehalten. Die Beschwerden der letzten Zeit sind nach der Beseitigung der Stagnation geringere. Die Kranken erliegen meistens einem schmerzfreien Marasmus, auch pflegen die metastatischen Leber- und Drüsencarcinome unter weniger quälenden Symptomen den Ausgang herbeizuführen. In einzelnen Fällen hat man nach dem Auftreten eines Recidivs am Pylorus noch nachträglich die Gastroenterostomie ausgeführt. Wo jenes rechtzeitig erkannt wird und der Kräftezustand der Kranken noch ein guter ist, wird sie sich empfehlen, falls nicht das Eindringen des Krebses in die Magenwände hier auch schon Einhalt geboten hat.

Ueber die Indikationen zur Operation bei Carcinom.

Wie soll der innere Arzt nun in den Fällen handeln, bei denen die Diagnose eines Carcinoms oder der Verdacht auf dasselbe vorliegt? In Betracht kommen für eine operative Behandlung bei dem heutigen Stande derselben nur die Pyloruscarcinome. Diese nehmen bekanntlich den schwersten und schnellsten Verlauf. Carcinome am Magenkörper verursachen weit geringere Beschwerden, trotzdem bei der fortschreitenden Atrophie der Muskulatur sich auch allmählich eine Stagnation entwickelt. Man wird in solchen Fällen durch innere Behandlung mit Spülungen und Diät einen erträglichen Zustand herbeiführen. Operativ sind sie nicht anzugreifen. Das Fehlen einer starken Erweiterung wird darauf hinweisen, dass das Carcinom seinen Sitz nicht am Pylorus hat. Wie geringe subjektive Störungen die Carcinome des Magenkörpers hervorrufen können, lehren die Fälle von den sogenannten latenten Carcinomen, die erst auf dem Sektionstisch zur Kenntnis des Arztes kommen. Es sind mehrere derartige Fälle beschrieben. Ich entsinne mich eines Präparates von einem carcinomatösen Magen, welcher vor 2 Jahren von Herrn Professor Ewald in einer Vorlesung demonstriert wurde. Dieser Magen hatte seinem Träger während seines Lebens nicht die geringsten subjektiven Beschwerden verursacht. Der grosse, starke, blühend aussehende Mann war an einem in die Bronchien durchgebrochenen Lymphosarkom der Mediastinallymphdrüsen zu Grunde gegangen. Die Sektion ergab zugleich einen bis zu Gänseeigrösse geschrumpften Magen, dessen fingerdicke Wände von einem derben Scirrhus gebildet wurden. Das Lumen war vielleicht von der Grösse eines Daumens. Hier waren offenbar die Speisen sofort nach ihrer Einnahme durch den Magen in den Darm gelangt, der die Magenverdauung mit übernommen hatte.

Wo nun in der Gegend des Pylorus ein Tumor fühlbar ist, und die übrigen Symptome des Carcinoms, wie Kachexie, Erweiterung, Stagnation, Mangel an Salzsäure, Erhöhung der Milchsäureproduktion vorhanden sind, ist sofort bei noch gutem Kräftezustand eine Operation in Erwägung zu ziehen. Man soll nicht erst durch lange Spülungen und knappe Diät die Kranken herunterkommen lassen, so dass schliesslich ihr Zustand eine Operation verbietet. Auszuschliessen von derselben sind indess alle die Fälle, wo es bereits zu einem hochgradigen Marasmus gekommen ist, oder wo der Tumor sehr gross geworden ist und bereits zu deutlich fühlbaren Metastasen geführt hat. Die Art des Eingriffs lässt sich selten vorher bestimmen. Wir haben zwar an den Merkmalen der respiratorischen Verschieblichkeit des freien, des mit der Leber oder dem Pankreas verwachsenen Pyloruscarcinoms einen gewissen Anhalt dafür, ob es noch radikal zu operieren oder ob nur die palliative Gastroenterostomie zu machen sein wird. Doch kann diese Entscheidung mit Sicherheit erst nach Eröffnung der Bauchhöhle getroffen werden. Auch ist stets der Kräftezustand des Kranken für die Wahl des Verfahrens massgebend. Die Mehrzahl der vorher für die Resektion geeignet erscheinenden Fälle wird der Gastroenterostomie zufallen. Doch wird man den traurigen Aussichten der inneren Therapie gegenüber den Kranken gern die Möglichkeit gewähren, für eine, wenn auch oft nur sehr kurze Zeit von ihren Beschwerden frei zu sein.

Wo trotz der übrigen auf ein Carcinom hindeutenden Symptome ein Tumor noch nicht zu fühlen ist, befindet sich der Arzt in einer sehr misslichen Lage. Die Beschwerden sind nicht so gross, dass sie die Patienten zwängen, ihre Hilfe beim Chirurgen zu suchen; auch fehlt die erst zu ernsterer Besorgnis führende Geschwulst. Der nicht unbedenklichen Explorativlaparotomie wollen sie sich auch nicht unterziehen. Da, wo trotz aller inneren Massregeln der Kräfteverfall ein bedrohlicher wird, wird an sich ein Eingriff notwendig werden und dann die Diagnose nachträglich sicher stellen. Jedenfalls sind alle verdächtigen Fälle äusserst sorgfältig zu beobachten. Es kommt vor, dass ein Tumor heute bei der Lage und dem Füllungszustand des Magens nicht fühlbar ist, während er sich des anderen Tages, wenn der Magen leer ist, ohne Schwierigkeiten feststellen lässt.

Explorativlaparotomie. — Kann zur Klärung zweifelhafter Fälle die Explorativlaparotomie herangezogen werden? Die Beantwortung der Frage werden wir von den Gefahren und eventuellen Schädlichkeiten des Eingriffs abhängig machen müssen. Czerny und Rindfleisch hatten unter 10 Laparotomieen, die zu diagnostischen Zwecken und zur Klärung der Frage nach der Operabilität des Falles unternommen wurden, 3 Todesfälle. Westphalen teilt weiter einen ungünstig verlaufenen Fall mit. Israel machte die Explorativlaparotomie bei einem Knaben, der 7 Monate später an einem inoperablen Lymphosarkom der hinteren Magenwand einging. Doyen hatte unter 9, Mikulicz unter 7 Fällen keinen ungünstigen Ausgang. Der Eingriff erscheint damit, wenn nicht ganz sicher, so doch verhältnismässig ungefährlich. Immerhin wird er sich nur auf die Fälle zu beschränken haben, wo ein bedenklicher Zustand bei zweifelhafter Diagnose vorliegt. Im günstigen Falle würde sich an die Probeincision sofort eine gegen die Ursache der Erkrankung

gerichtete Operation anschliessen können. Es wird auf die
später eintretenden Verwachsungen zwischen dem visceralen
und parietalen Peritoneum als einen zu viel Beschwerden
führenden nachträglichen Uebelstand der einfachen Laparotomie hingewiesen. Ich glaube, diese Möglichkeit steht
in keinem Verhältnis zu den Vorteilen, die durch den Eingriff unter Umständen erreicht werden können.

Bald nach der Einführung der Radikaloperation bei
bösartigen Geschwülsten des Magens machte sich das
Bestreben geltend, auf operativem Wege auch die der
inneren Therapie nicht zugänglichen, auf gutartigem Boden
entstandenen Störungen der Magenfunktion zur Heilung zu
bringen. Die chirurgische Thätigkeit richtete hier sich vor
allem gegen die mechanische Insufficienz des Magens.

Operative Behandlg. der gutartigen Erkrankungen des Magens.

Bevor ich indess auf dieselbe näher eingehe, möchte
ich nicht unterlassen, auch einiges über die gutartigen
Verengerungen des Oesophagus und der Cardia zu sagen.
Sie mögen nicht zu den eigentlichen Magenkrankheiten zu
zählen sein, doch greift ihre Therapie mit in das Gebiet
der Magenchirurgie hinein. Die häufigste Ursache gutartiger Speiseröhrenverengerungen sind die nach dem Ge-
nusse ätzender Substanzen zurückbleibenden Narben. Selten
führen tuberkulöse, syphilitische, diphtherische Prozesse,
oder die Einkeilung von Fremdkörpern zu derartigen Stenosen. Ewald veröffentlichte vor einigen Jahren einen Fall
von Speiseröhrenverengerung, welche durch die Vernarbung
eines peptischen Geschwürs dicht oberhalb der Cardia entstanden war. Von dem Resultat der Gastrostomie (Oppen-
heim) soll später die Rede sein. Diesem Falle stehen noch
mehrere andere zur Seite, über die Mitteilungen von Eras,
Quincke, Chiari, Reher, Zahn, Debove, Berrez und Sabel
vorliegen.

Gutartige Speiseröhrenverengerungen.

In den Fällen von Aetzstrikturen wird die Aetiologie
des Leidens, wenn sie nicht etwa absichtlich verheimlicht
wird oder die Patienten in der Betrunkenheit oder während
einer Attaque von Geistesstörung sich verletzt haben, durch
die Anamnese klar gestellt (Ewald). Tuberkulöse Erkrankungen oder syphilitische Prozesse scheinen zu operativen Eingriffen noch nicht Veranlassung gegeben zu haben.
In einem Falle von Neumann (Lancet 1892) ging eine
syphilitische Oesophagusstenose auf eine antiluetische Kur
innerhalb von 6 Wochen zurück. Die lokale Tuberkulose
des Oesophagus ist meist mit allgemeiner oder Lungen-
tuberkulose verbunden; letztere sind progredient und lassen
es garnicht erst zur Narbenbildung im Oesophagus kommen.

Ueber die Diagnose der gutartigen Speiseröhrenverengerungen.

Ueber die Diagnose der Speiseröhrenverengerungen, welche durch Narben peptischer Geschwüre zustande kommen, sagt Ewald folgendes: „Hier wird zunächst und zumeist die Differentialdiagnostik gegenüber einer etwaigen Neubildung Schwierigkeiten machen. Man wird sich aber in der Mehrzahl der Fälle dadurch leiten lassen, dass die carcinomatösen Neubildungen erst in vorgerückterem Alter auftreten, mit schnellerem Marasmus und eventuell anderen Zeichen der Krebskachexie verbunden sind, während die Geschwüre des Oesophagus in jugendlichem Alter vorkommen und bei Personen, welche schon durch ihre anämisch-chlorotische Konstitution zu der Bildung geschwüriger Prozesse auf der Schleimhaut des Intestinaltractes prädisponiert sind." Erschwerend für die Differentialdiagnose sei indess der Umstand, dass bei den Carcinomen der Speiseröhre die sonst bei der Entwicklung der Krebsneubildung so typischen Schwellungen der Drüsen, zumal die in der linken Achselhöhle, in der linken Supra- und Infraklavikulargegend durchaus nicht regelmässig, ja nicht einmal in der Mehrzahl der Fälle vorhanden seien. Kleinere Drüsenschwellungen — bis zu Bohnengrösse — seien ohne Belang für die diagnostische Verwertung, da dieselben sich fast bei jeder gesunden Person mehr oder weniger ausgeprägt vorfänden. „Charakteristisch ist aber für den Unterschied zwischen Ulcus und Carcinom der Speiseröhre der Umstand, dass in den von mir bisher beobachteten Fällen von Geschwürs- und Narbenbildung die Anamnese mit grosser Bestimmtheit auf heftige Schmerzen entweder sofort beim Schlucken oder einige Zeit danach auftretend hinwies, ohne dass zunächst eine eigentliche Schluckbehinderung da war, während in den Fällen von Carcinom zunächst die Behinderung des Schluckens sich bemerkbar macht, und, wenn überhaupt, erst in den späteren Stadien des Leidens Schmerzen auftreten, die überdies nicht regelmässig mit der Nahrungsaufnahme verbunden sind. Ich habe aber wiederholt Patienten gesehen, welche während der ganzen Dauer ihrer Erkrankung schmerzfrei blieben."

Differentialdiagnostisch kommen diesen organischen Strikturen gegenüber noch die mechanischen Störungen in Betracht, die im Gefolge grosser Pulsionsdivertikel des Oesophagus auftreten. Zur Gastrostomie kam es auf Grund eines solchen einmal in einem Falle von Whitehead (Lancet, 1891). Die Frau wurde 4 Jahr lang durch die Fistel ernährt.

Hierher würde auch die Mehrzahl derjenigen Schling-
behinderungen, welche durch Druck eines ausserhalb der
Speiseröhre gelegenen Tumors, durch ein Aneurysma,
Wirbelsäuleverkrümmungen, Mediastinaltumoren hervorgerufen werden, zu rechnen sein, obgleich dieselben meist
nur zu einem Deglutitionshindernis, aber nicht zu gänzlicher oder nahezu gänzlicher Verlegung des Lumens
führen. Hier tritt der Tod, noch ehe die Indikation der
Gastrostomie in Frage kommt, durch die primäre Krank-
heitsursache ein, oder es lässt sich die letztere, wenn es
sich z. B. um eine Gummageschwulst in der Speiseröhre
oder der Nachbarorgane, Wirbel, Leber, Mediastinum handelt, durch entspechende therapeutische Massnahme beseitigen.

Spastische Kontrakturen des Oesophagus führen wohl
nie zu einem andauernden Verschluss des Oesophagus, so dass
sie ein operatives Eingreifen erheischten: auch pflegt der
Ernährungszustand der Kranken, trotz ihrer Klagen über
Unvermögen zu schlucken, meist ein ganz guter zu sein.
Doch ist ein Fall von Power (Lancet 1866) beschrieben,
in dem die Kranke an Inanition starb, weil die Operation
verweigert wurde. Die Diagnose eines Spasmus der
Speiseröhre wurde durch den negativen Sektionsbefund
bestätigt.

Ich kehre nun zur mechanichen Insufficienz des Magens zurück. Man versteht darunter den Zustand, in welchem
die Speisen über die normale Zeit hinaus im Magen liegen
bleiben, ihn selbst während der Nüchternheit nicht verlassen
und bald intensiven Gährungs- und Zersetzungsprozessen
unterliegen. Die Dimensionen des Magens pflegen dabei
erheblich vergrössert zu sein, die grosse Curvatur reicht
bis unter den Nabel, selbst bis zur Symphyse. — Wohl
zu unterscheiden von diesen Zuständen ist die Megalogastrie
oder der physiologisch grosse Magen Ewalds. Die motorische Funktion ist bei einem solchen nicht gestört. —

Die motorische Störung beruht entweder auf einer
Schädigung der Muscularis, hervorgerufen durch Atrophie,
Verfettung, das Eindringen von Krebsmassen oder die Einwirkung von Giften, oder, und das ist das häufigere, durch
ein Hinderniss am Pylorus. Von innen wird der Pylorus
verengt am häufigsten durch die Vernarbung von Geschwüren, durch Verätzung mit korrosiven Giften, durch
Geschwülste, wie das Carcinom, Myom, Adenom, endlich
durch Fremdkörper, wie Gallensteine, Haargeschwülste,

Ueber die
mechanisch
Insufficienz
des Ma-
gens. Ato-
nie. Pylo-
russtenose.
Sanduhr-
magen.

Zusammenballungen von Obstkernen und anderes mehr. Von aussen kann der Pylorus komprimiert oder abgeknickt werden durch adhäsive Prozesse, die teils vom Magen, teils von den Nachbarorganen ausgehen, durch Geschwülste des Pankreas, der Leber, der Gallenblase, der Därme, Lymphdrüsen oder des Mesenteriums, und schliesslich durch die bewegliche rechte Niere.

Eine besonders schwere Art motorisch er Störung findet sich bei dem sogenannten Sanduhrmagen. In der Mehrzahl der Fälle entsteht derselbe durch Retraktion und Vernarbung eines Geschwürs der kleinen Curvatur; es entsteht ein Doppelsack. Die beiden Säcke hängen durch eine mehr oder weniger enge Oeffnung zusammen. In dem kardialen Teil entwickelt sich sehr bald das typische Bild einer schweren mechanischen Insufficienz. Auch Geschwüre im Duodenum haben zu schweren Strikturen und zu einer solchen Erweiterung desselben Veranlassung gegeben, dass es sich an den Magen wie ein Sack ansetzte. Der Magen wird dabei allmählich auch ektatisch werden, so dass dann an zwei Stellen, im Magen und im Duodenum, Motionsstörungen entstehen.

Ueber die Dingnose ler mechaiischen Insufficienz.
Die Diagnose wird sich hiernach nicht an der Feststellung einer mechanischen Insufficienz allein genügen lassen, sie wird auch die Ursache derselben möglichst feststellen suchen. Ich schliesse mich im folgenden den Ausführungen von Mintz aus dem Jahre 1894 an. Bei der Vermutung einer durch eine Verätzung hervorgerufenen Verengerung des Pylorus wird die Diagnose durch die Anamnese erleichtert. Bei vorausgegangenem Magengeschwür und bestehender Erweiterung werden wir in der Regel eine narbige Verengerung des Pylorus annehmen können. Personen mittleren oder jugendlichen Alters, mager und kachektisch, klagen nüchtern und nach dem Essen über Aufstossen, Uebelkeit und Erbrechen. Letzteres tritt nüchtern oder nach dem Essen auf. Das Erbrochene enthält meist unverdaute Speisen, hin und wieder Blut. Natürliche und künstliche Entleerung des Magens mit der Sonde schafft den Kranken immer grosse Erleichterung. Nach dem Essen quält sie ein Gefühl von Vollsein. Kollern und Plätschern im Magen. Nicht selten zeigt sich eine peristaltische Unruhe im Epigastrium, die mit kurzdauernden Anschwellungen verbunden sein kann. Der Appetit ist in schmerzfreier Zeit gut. Die mangelhafte Wasseraufnahme im Darm verursacht starkes Durstgefühl, festen und hartnäckig angehaltenen Stuhl. Er-

sterem suchen sie durch reichliches Trinken abzuhelfen, trotzdem sie nur stärkerer Beschwerden sicher sein können. Die objektive Untersuchung ergiebt in der Regel eine erhebliche Ektasie, Plätschergeräusche, sichtbare peristaltische Bewegungen des angestrengt arbeitenden Magens. In der Pylorusgegend ist nicht selten ein harter, frei beweglicher Tumor oder ein Strang, der oberhalb der Verengerung hypertrophierte Pylorusteil, fühlbar. Die Oel- oder Salolprobe zeigt eine erhebliche Verlangsamug der motorischen, die Jodkaliumprobe der resorptiven Thätigkeit des Magens. Der nüchterne Magen ergiebt bei der Ausheberung $\frac{1}{2}$ l und mehr Speiserückstände, deren Hauptmasse unverdaute Amylaceen ausmachen. Mikroskopisch sind ausser den Nahrungsbestandteilen Hefe, Sarcine und Fadenbakterien nachweisbar. Die widerlich riechende Menge enthält neben reichlicher freier Salzsäure zahlreiche Fettsäuren. Bei fehlender freier Salzsäure soll man nie die Untersuchung nach Sjöquist auf gebundene unterlassen. Es ist das ein für die Diagnose eines Carcinoms wichtiges Moment. Milchsäure fehlt in der Regel. Eine häufige chemische Untersuchung ist auch hier angezeigt, da die Möglichkeit der Entwicklung eines Carcinoms auf einer Geschwürsnarbe sich wiederholt herausgestellt hat. Wesentliche Anhaltspunkte für die Diagnose geben das Alter des Patienten wie sein Allgemeinbefinden und die Dauer der Krankheit.

Die idiopathische, primäre oder atonische Erweiterung ist von der auf einer Pylorusstenose beruhenden oft schwer zu unterscheiden. Eine starke Ektasie, Stagnation der Speisen selbst im nüchternen Magen kommen bei beiden Erkrankungen vor. Indess pflegen die Symptome der atonischen Ektasie nicht den bei der auf Pförtnerverengerung beruhenden Erweiterung vorhandenen Grad zu erreichen. Auch lässt sich durch eine energische innere Behandlung der Zustand auf längere Zeit, selbst Monate bessern, und damit die Diagnose entscheiden.

Wo Tumoren nicht fühlbar sind, werden wir uns mit der Feststellung einer auf Pylorusverengerung beruhenden mechanischen Insufficienz begnügen müssen. Doch ist in solchen Fällen stets auf Carcinom zu fahnden. Die Gutartigkeit des stenosierenden Moments, wie z. B. die idiopathische Hypertrophie der Pylorusmuskulatur, wird die wiederholte chemische Untersuchung des Mageninhalts erbringen. Ausserhalb des Magens gelegene verengende Geschwülste sind der Diagnose sehr schwer zugänglich.

Wo Cholelithiasis oder Ren mobilis vorliegt, wird man an
eine Kompression des Duodenums durch die mit Steinen
gefüllte Gallenblase oder die bewegliche Niere zu denken
haben. Auch kann ein Gallenstein zur Obturation des
Pylorus oder Duodenums führen. Auch wird man nach
groben Diätfehlern, gewohnheitsmässigem Verschlucken von
Obstkernen, oder von Haaren bei hysterischen Personen
forschen. Ueberstandene cirkumskripte Peritonitis, namentlich nach Cholelithiasis, wird eine Abknickung oder Einschnürung des Pylorus oder Duodenums durch peritonitische
Stränge vermuten lassen. Bei Wanderniere starken Grades
und gleichzeitig bestehender Gastroptose kann es auch zur
Abknickung des Pförtners oder des Duodenums kommen.
Tuberkulöse und syphilitische Strikturen an dieser Stelle
sind äusserst selten. (2 Fälle von d'Ursi, Durante.) Bei
bestehender allgemeiner Tuberkulose oder Syphilis und
fehlenden Anhaltspunkten anderer Art wird man auch an
solche Ursachen denken müssen. Wenn sich Galle und
Pankreassaft öfters im Magen finden, die Salzsäuremenge
einem wiederholten Wechsel unterliegt, wird eine Verengerung unterhalb der Einmündungsstelle des Gallen- und
Pankreasausführungganges anzunehmen sein.

Welcher Natur das Leiden auch sei, es muss in
jedem Falle das mechanische Hindernis beseitigt werden.

Operative
Behandlg.
der gutar-
tigen Spei-
seröhren-
strikturen.
Gastrosto-
mie.

Wo die Cardia oder der untere Teil des Oesophagus
von einer gutartigen Verengerung befallen ist, die gewöhnliche Dilatationsbehandlung den Kräfteverfall nicht auf-
halten kann, wird die Gastrostomie ausgeführt. Sie dient
einerseits dem Zwecke einer ausreichenden Ernährung,
andrerseits dem, aus grösserer Nähe eine erfolgreichere
Erweiterung der Striktur vornehmen zu können. Hier
wirkt die Anlegung der Magenfistel nicht, wie beim Krebs,
palliativ, sondern heilend. In der Zusammenstellung von
Zesas und Gross aus dem Jahre 1885 wird über 31 seit
Einführung der antiseptischen Operationsmethode wegen
gutartiger Speiseröhrenverengerungen ausgeführte Gastrostomieen berichtet. Es starben von denselben 5 im Anschluss an die Operation, 9 im Verlauf des 1. Monats an
Erschöpfung, Rippennekrosen und Bauchdeckenphlegmonen.
Die übrigen 17 lebten mit ihrer Fistel von 9 Monaten bis
zu 4 Jahren. Ein grosser Teil kam vorher zur völligen
Heilung, sodass auch die Fistel wieder geschlossen werden
konnte. Ein Vergleich, den v. Hacker in Betreff der Behandlung gutartiger Strikturen zwischen der Gastrostomie

und der Dilatation vom Munde aus anstellte, fiel zu Ungunsten der letzteren Methode aus. Von 100 Fällen von Aetzstrikturen kamen 55 zur Operation, 33 davon wurden geheilt, 22 gingen zu Grunde. Von den 45 übrigen, die mit der Sonde vom Munde aus behandelt wurden, kamen 20 zur Heilung, während 25 starben. Mikulicz führte in seiner Klinik 9 mal die Gastrostomie ohne einen Misserfolg aus. Unter 18 Gastrostomieen der letzten Jahre wegen gutartiger Strikturen fand ich nur zwei Todesfälle, die der Operation zur Last gelegt werden konnten. 2 starben nach ungefähr 2 Monaten an Pneumonie und Tuberkulose. Letztere bestand schon vor der Operation. In 9 Fällen konnte die Fistel, nachdem die Passage wieder völlig frei geworden war, nach 4—12 Monaten geschlossen werden. Die übrigen 5 gewährten in dieser Beziehung auch eine gute Prognose. Ueberall hatte sich bald eine erhebliche Gewichtszunahme eingestellt. Recidive der Verengerung traten nicht auf und konnten die Fälle, bei denen die Fistel geschlossen wurde, als völlig genesen betrachtet werden. Auch der Fall von Ewald, in dem die Narbe eines Ulcus pepticum oesophagi die Gastrostomie notwendig gemacht hatte, zeigte einen sehr glücklichen Verlauf. Die Patientin nahm im Laufe eines Jahres an Gewicht und Kräften ausserordentlich zu, war im Haushalt thätig, ihr Aussehen war ein blühendes im Vergleich zu dem vor der Operation. Beschwerden von der Fistel aus hatte sie nie. Auch war wieder eine leichte Ernährung mit breiiger Kost vom Munde aus möglich geworden. In einigen Fällen (Lindner) kam es zur Entwicklung einer Hernie in der nachgiebigen Narbe. Doch liess sich dieselbe leicht durch geeignete Bandagen zurückhalten. Neuralgieen, die vorher bestanden, schienen damit auch verschwunden zu sein.

Die günstigen Erfolge machen die Gastrostomie bei gutartigen Verengerungen sehr empfehlenswert. Nach Anlegung der Magenfistel kann die Ernährung ausgiebig und bequem geschehen, zugleich die Erweiterung nach einiger Uebung leicht und mit Erfolg vorgenommen werden. Man hat neuerdings die „Sonde ohne Ende" eingeführt und damit sehr gute Resultate erzielt. Dieselbe besteht in einer auf einem Faden befestigten Reihe allmählich immer stärker werdender Oliven. Ein anderer Faden, der ohne Beschwerden vom Patienten verschluckt werden kann, dient zur Anknotung des ersteren von der Magenwunde aus; dann werden die Oliven der Reihe nach zu wiederholten Malen durch die Verengerung hindurchgezogen. Nach gehöriger Erweiterung wird die Fistel wieder geschlossen oder ein spontaner Schluss abgewartet.

Nicht selten sind die Fälle, wo die Einkeilung von Fremdkörpern wie von Münzen, Obstkernen (Körte, Finney) zu schweren Speiseröhrenstrikturen führt. Auch hier wird sich die Hebung des Hindernisses von einer Magenwunde aus empfehlen, wenn das Hinabstossen der Körper in den Magen mit Schwierigkeiten verknüpft oder Extraktionsversuche vergeblich sind. Die brüsken Manipulationen vom Munde aus sind nicht ungefährlich. Sie können zu Perforationen des Oesophagus, schweren Blutungen und Verwundungen führen, die schliesslich auch noch zu einer narbigen Verengerung Veranlassung geben können.

Indikationen zur Gastrostomie.

Wo wir demnach einer narbigen Striktur nicht bald mit Erfolg vom Munde aus Herr werden, die Kräfte abnehmen oder die Beschwerden des Kranken erhebliche bleiben, werden wir die Gastrostomie in Vorschlag bringen müssen. Frische Fälle von Verätzungen, in denen bereits Flüssigkeiten regurgitiert werden, erfordern sofort einen operativen Eingriff. Fremdkörper, die nicht leicht und nach wiederholten vorsichtigen Versuchen zu entfernen sind, verlangen auch eine Entfernung von einer Magenwunde aus. Langes Liegenlassen derselben führt zu partiellen Erweiterungen oberhalb der durch sie hervorgerufenen Verengerung und lebensgefährlichen Perforationen der Speiseröhre. Ein rechtzeitiger Eingriff bei gutem Kräftezustand verbessert die Prognose auch insofern, als jüngere Strikturen einer erheblich kürzeren Zeit als veraltete zu ihrer Heilung bedürfen.

Operative Behandlg. der mechanischen Insufficienz nach narbiger Pylorusverengerung.

Die mechanische Insufficienz des Magens, soweit sie auf nicht krebsigen Erkrankungen beruht, hat zu den verschiedensten operativen Eingriffen Veranlassung gegeben. Ueber die Wahl des einzuschlagenden Operationsverfahrens herrscht heute noch keine volle Einigkeit unter den Chirurgen. Indess scheint es, dass die Gastroenterostomie den Vorzug erhalten wird.

Pylorusresektion.

Rydygier führte im Jahre 1881 zuerst die Resektion eines Pylorus aus, der durch eine Geschwürsnarbe verengt war. Die geschwürigen und durch Verätzung entstandenen Verengerungen bilden das Hauptkontingent für die Operationen, die wegen gutartiger Erkrankungen ausgeführt werden. Das von Rydygier geübte Verfahren hat vielfache

Anwendung gefunden. Mintz fand im Jahre 1894 unter den bis dahin ausgeführten 31 Operationen eine Sterblichkeit von 45,2%, eine Heilung von 54,8%. Nach Hinzufügung einiger neuer Fälle kann ich über die bisherigen Ergebnisse der Resektion bei gutartigen Pylorusverengerungen folgendes mitteilen.

Tabelle zur Resektion bei gutartigen Pylorusstenosen.

N a m e.	Zahl d. Operat.	Todes- fälle n. der Operat.	Ope- rative Erfolge	B e m e r k u n g e n.
1. Billroth.	10 (Davon 5 par- tielle Magen- wand- resek- tionen.	6	4	1 mal Tod 2 Jahre p. op. an Py- loruscarcinom. In einem 2. Falle Tod nach 5 Jahren an einer neuen Magenblutung. Im 3. Falle (part. Resekt.) war der Operierte nach 7 Jahren völlig gesund. Ueber den 4. nichts bekannt.
2. Czerny.	6 (1 mal par- tielle Magen- wand- resek- tion.)	2	4	Im 1. Falle Tod 8 Monate p. op. an Narbenstenose. Im 2. Tod nach 4 Jahren an einer Verletzung des Oesophagus. Die beiden an- deren nach 5 und 13 Jahren völlig gesund.
3. v. Kleef.	4	3	1	Heilung. Näheres fehlt.
4. Lauenstein.	3	1	2	Heilungen. desgl.
5. Rydygier.	2	—	2	Nach 3 und 6 Jahren sind die Operierten völlig gesund.
6. Mikulicz.	2 (1 mal con- centr. Py- lorus- hyper- troph.)	—	2	Heilungen. Näheres fehlt.
7. Novaro.	2	—	2	desgl.
8. v. Eiselsberg.	1 Aetz- stenose	—	1	Nach 6 Monaten 54 Pfd. Zu- nahme und gutes Befinden.
9. Salzer.	1	—	1	Nach 8 Jahren völlig gesund.
10. Angerer.	1	—	1	Nach 2 Jahren gutes Befinden.
11. Spear.	1	1	—	—

3*

Name.	Zahl d. Operat.	Todes- fälle n. der Operat.	Ope- rative Erfolge	Bemerkungen.
12. Nebinger.	1 (idiopatische Pylorus- hypertroph.)	—	1	Nach 1 Jahr 6 Monaten gutes Befinden.
13. Loebker.	1	—	1	Heilung. Nach 6 Wochen mit erheblicherGewichtszunahme entlassen.
14. Kolatschewsky.	1	—	1	desgl.
15. Socin.	1	1	—	
16. Kroenlein.	1 (Nach d. Res- wurde G. E. gemacht.)	1	—	
17. Körte.	1 (Nach d. Res. wurde d. Gastroduo- denostomie gemacht.)	—	1	Nach 6 Monaten 50 Pfd. Zunahme und gutes Befinden.
18. Esmarch.	1	1	—	—
19. Postempski.	1	—	1	Heilung. Näheres fehlt.
20. Jessop.	1	—	1	desgl.
21. Dollinger.	1	—	1	desgl.
Summa:	43	16	27	In 1 Fall Recidiv (Czerny.) Tod. In 3 Fällen erfolgte nach 2—5 Jahren an unerwarteten Zufällen der Tod. (1 mal Carcinom.) In 8 anderen Fällen hielt die Heilung v. 1 Jahr 6 Mon. bis 13 Jahren an. 2 Fälle waren nach 6 Mon. bei vorzüglichem Befinden. Die 13 übrigen Fälle waren alle mit guter Prognose und als geheilt entlassen.
		das entspricht ungefähr: 37,2%	62,8%	

Man wird einer Operation, die sich gegen gutartige Erkrankungen richtet, nicht ihre volle Berechtigung zugestehen können, so lange die Sterblichkeit nach derselben eine so grosse ist, wie die obige Zusammenstellung ergiebt. Die Heilungen sind allerdings in der Mehrzahl der Fälle als dauernde anzusehen, doch bleibt die Gefahr einer Resektion eine erhebliche. Ausserdem ist zu berücksichtigen, dass von den 43 Resektionen sich 6 auf eine Excision eines Geschwüres beschränkten, eine Operation, die wegen ihrer verhältnismässig leichten Ausführbarkeit nicht mit der typischen Pylorusresektion zu vergleichen ist. Die Mortalitätsziffer würde sich dann noch etwas in ungünstigem Sinne verschieben. Man verspricht sich von der Resektion die schnellste und sicherste Heilung noch offener Geschwüre, weiter eine Hebung der mechanischen Insufficienz, die die physiologischen Verhältnisse der Magenthätigkeit am wenigsten verändere, und schliesslich einen Schutz gegen das Recidiviren von Geschwüren, die in der Mehrzal der Fälle den Pylorusteil des Magens zu treffen pflegten. Dass letzteres nicht der Fall ist, lehren mehrere Angaben in der vorstehenden Tabelle; auch bleibt die Disposition für die Bildung von Magengeschwüren nach der Operation bestehen. Ein guter Abfluss der Speisen wird auch durch andere leichtere Eingriffe, wie die Gastroenterostomie, bewirkt. Die Heilung der Geschwüre erfährt damit auch ihre Beschleunigung. — Nicht angezeigt ist die Resektion dort, wo stärkere Verwachsungen mit der Leber, der Gallenblase oder dem Pankreas vorliegen. Die Lösung solcher Verwachsungen führt gelegentlich zu Zerreissungen des Magens oder der betreffenden Nachbarorgane. Gerade der Geschwürsboden ist häufig an die Umgebung angeheftet. Billroth erlebte in 3 Fällen einen unglücklichen Ausgang bei der Lösung solcher Adhäsionen. Blutungen und Peritonitis führten den Tod herbei. Ein erheblicher Schwund der Magenmuskulatur, wie eine starke Erweiterung des Magens wird auch gegen die Resektion sprechen. Ein muskelschwacher oder sehr ektatischer Magen vermag die Speisen nicht auf die Höhe zu heben, welche notwendig zur Hinausbeförderung durch den Pylorus überwunden werden muss. Nicht zu unterlassen ist indess die Resektion, wo verdächtige, nicht genau bestimmbare Tumoren vorliegen. Dass dieselbe zu ihrer Ausführung in jedem Falle einen guten Kräftezustand seitens des Kranken erfordert, brauchte vielleicht nicht mehr betont zu werden.

Die Gastroenterostomie erfreut sich bei der operativen Behandlung der auf gutartiger Pylorusverengerung beruhen-

Gastroen-terostomie

den mechanischen Insufficienz der häufigsten Anwendung. Mintz stellte 54 Fälle mit 38 Heilungen (71⁰/₀) und 16 Todesfällen (29⁰/₀) zusammen. Nach Hinzufügung mehrerer anderer Fälle gestaltet sich die Uebersicht folgendermassen:

Tabelle zur Gastroenterostomie bei gutartiger Pylorusstenose.

Name.	Zahl d. Operat.	Todesfälle n. der Operat.	Operative Erfolge	Bemerkungen.
1. Czerny.	12	2	10	In 1 Falle war der Operierte nach 5 Jahren völlig gesund. In 6 anderen war nach 1–2 Jahren das Befinden gut; alle hatten über 40 Pfd. zugenommen. 2 andere Operierte befanden sich nach 2 Monaten wohl und boten eine gute Prognose. In 1 Falle machten Adhäsionen starke Beschwerden. Eine neue Laparotomie hob dieselben.
2. v. Hacker.	6	1	5	1 starb nach 4 Jahren an Morphinismus. In den 3 anderen nach 3 J., 1 J. 6 Mon., 6 Mon., gutes Befinden. 1 Fall, Anfangs bedenklich, konnte nach 1 Monat auch mit günstiger Prognose entlassen werden.
3. Durante.	6	1	5	Heilungen. Näheres fehlt.
4. Mikulicz.	4	—	4	1 befand sich nach 1 J. 6 Mon. sehr gut. Für die 3 anderen fehlt näheres.
5. Lauenstein.	4	1	3	Heilungen. Näheres fehlt.
6. Rydygier.	3	—	3	desgl.
7. Remedi.	3	—	3	desgl.
8. Ciemchowski	3	1	2	desgl.
9. Billroth.	2	—	2	desgl.
10. Novaro.	2	1 (Tod 3 Monate p. op. an Phlegmone d. Bauchwand.)	1	desgl.
11. Permann.	2	—	2	desgl.

Name.	Zahl d. Operat.	Todesfälle n. der Operat.	Operative Erfolge	Bemerkungen.
12. Krajewski.	2	1 (Tod an Enteritis purulenta.)		desgl.
13. Rotter.	2	—	1	desgl. Nach 2 Monaten erhebliche Gewichtszunahme
14. Codivilla.	2	—	2	Heilungen. Näheres fehlt.
15. Hahn.	1	—	1	Nach 1 J. 6 Mon. Schmerzen und neue Magenbeschwerden.
16. Lücke.	1	1	—	—
17. Fritsche.	1	—	1	Heilung. Näheres fehlt.
18. Cölle.	1	--	1	desgl.
19. Albert.	1	—	1	desgl.
20. Oderfeld.	1	—	1	desgl.
21. Grosse.	1	—	1	Diese Gastroentr. wurde 5 Monat nach einer Pyloroplastik gemacht.
22. Körte.	1	1	—	
23. Plettner.	1	—	1	Nach 4 Monaten Gewichtszunahme um 20 kg. und gutes Befinden.
24. Schuchardt.	1	1	—	—
25. Sick.	1	—	1	Heilung. Näheres fehlt.
26. König.	1	—	1	desgl.
27. Monastyrski.	1	1	—	—
28. Sklifasowski.	1	1	—	—
29. Selenkow.	1 (Gastritis) chronica m. Atrophie d. Mucosa.)	1	—	—
30. Bowremann	1	--	1	Heilung. Näheres fehlt.

Name.	Zahl d. Operat.	Todes- fälle n. der Operat.	Ope- rative Erfolge	Bemerkungen.
31. Weir.	1	—	1	Dieser G. E. folgte 3 J. später die Bircher'sche Operation wegen partieller Ektasie.
32. Chwat.	1	1	—	—
33. Jesset.	1	—	1	Heilung. Näheres fehlt.
34. Sarkin.	1	—	1	desgl.
35. Doyen.	1	—	1	desgl.
36. Perdigo.	1	—	1	desgl.
37. d'Ursi.	1	1 (1 Mon. p. op. an Durch- fall)	—	
38. Monod.	1	1	—	
39. Guinard.	1	—	1	desgl.
40. Ricord.	1	—	1	desgl.
Summa:	79	17 das entspricht ungefähr: 21,5 %	62 78,5 %	In 11 Fällen ist berichtet, dass das Befinden nach ½—5 Jahren p. op. ein gutes war. 1 mal Tod nach 4 Jahren an Morphinismus, 2 mal nach 1 J. 6 Mon. und 3 J. neue Magenbeschwerden. In 4 Fällen konnte nach 2—4 Monaten gutes Befinden gemeldet werden. Ueber die übrigen 44 Fälle ist leider nichts weiteres a. „Heilung" angegeben.

Die Sterblichkeit nach dieser Operation steht nicht unerheblich hinter der nach der Resektion zurück. Wie viel persönliche Uebung auch hier zu erreichen vermag, sehen wir an den Erfolgen von Czerny, v. Hacker, Mikulicz, Lauenstein, Durante, Rydygier. Leider liegen verhältnismässig wenig Mitteilungen über das spätere Befinden der Operierten vor. Es wäre zu wünschen, dass diese Lücke ausgefüllt würde. Man vermag sonst nicht den Wert der Operation richtig zu beurteilen. Immerhin ist anzunehmen, dass dort, wo bald nach der Operation eine deutliche Besserung und Gewichtszunahme stattfindet, diese auch späterhin anhalten wird. Vor der Resektion hat die Gastroenterostomie den grossen Vorzug, dass sie wesentlich leichter und schneller ausführbar ist und an die Kräfte des Patienten keine so hohen Anforderungen stellt. Die Todesfälle sind in der Mehrzahl durch Shok, Collaps, Peritonitis und Pneumonie verursacht. Auch Irrtümer in der Wahl der an den Magen anzunähenden Dünndarmschlinge oder eine ungeeignete Anheftung derselben haben zu einigen Misserfolgen Veranlassung gegeben. Ich komme auf diese Zufälle noch später zurück. Die Gastroenterostomie bleibt bei stärkeren Verwachsungen, erheblicher Erweiterung die einzig mögliche und zweckmässige Operation. Frische Geschwüre pflegen nach Eröffnung des bequemen Abfuhrweges auch bald zur Heilung zu kommen. Wo sich nachträglich auf Geschwürs- oder Operationsnarben ein Carcinom entwickeln sollte, sichert sie auch weiterhin einen günstigen Abfluss der Speisen.

Im Jahre 1866 unternahmen gleichzeitig und unabhängig von einander Heinecke und Mikulicz eine Operation, die auf möglichst einfache Weise die auf einer gutartigen (narbigen) Pylorusverengerung beruhende mechanische Insufficienz heilen sollte. Es war die Pyloroplastik. Sie besteht darin, dass der verengte Pylorus- oder Duodenalteil in der Längsrichtung gespalten wird, um dann in einer auf dem ersten Schnitte senkrechten, also in querer Richtung, wieder vernäht zu werden. Die Verkürzung des Darmteils führt gleichzeitig eine Erweiterung desselben herbei. Diese Methode hat als eine verhältnismässig ungefährliche recht oft Anwendung gefunden. Mintz teilt 31 Fälle von Pyloroplastik mit; 24 (77,5%) hatten einen Heil-, 7 (22,5%) einen Misserfolg. Nach Hinzufügung einiger neuerer Fälle kann ich folgende Uebersicht über die Operation und ihre Endresultate geben:

Pyloroplastik.

Name.	Zahl d. Operat.	Todesfälle n. der Operat.	Operative Erfolge	Bemerkungen.
1. Czerny.	7 (Veranlassung: Ulcus. Oft Pericholecystitische perigastritische Adhäsionen, Hypersecretio.)	1	6	In 2 Fällen klagten die Operierten wieder über neue Magenbeschwerden nach 4 und 8 Mon, In 2 Fällen nach 1 und 3 Jahren gutes Befinden. In 2 anderen Fällen nach 2 und 3 Monaten erhebliche Besserung. 30 Pfd. Gewichtszunahme.

N a m e.	Zahl d. Operat.	Todes- fälle n. der Operat.	Ope- rative Erfolge	Bemerkungen.
2. Novaro.	6 (Ring- förmige Starre und Ulcus- narb.)	1	5	In 4 Fällen war das Befinden 3 mal nach 6 Monaten, 1 mal nach 2 Jahren gut. Im 5. Falle Recidiv der Stenose nach 1 Jahr.
3. v. Barde- leben.	6 (3 mal Stenos. nach H Cl Ge- nuss, 2 mal n. Ulcus 1 mal Carci- nom. Nach He- bung d. Kräfte sollte im letzten Falle Pylo- rusre- sektion ge- macht werden)	1 (Lun- gen gan- grän, Erbre- chen.)	5	1 starb nach 5 Mon. an Tuber- kulose, bestand schon vor der Operation. Die Krebskranke ver- weigerte, da sie sich erholte, die 2. Operation. 3 mal gutes Befinden nach 6 Monaten, 1 und 5 Jahren.
4. Mikulicz.	3 (Ulcus- narbe H_2SO_4 Verät- zung.)	1	2	Nach 1 J. u. 1 J. 6 Mon. gutes Befinden.
5. Doyen.	3	2	1	Heilung. Näheres fehlt.
6. Colzi.	3	—	3	Desgl.
7 Lauenstein.	2 1 mal H Cl Ge- nuss.)	1	1	Heilung. Selbstmord 6 Monate p. op.
8. Heinecke.	2		2	Heilungen. Näheres fehlt.
9. Senn.	2	—	2	Desgl.
10. Postempski.	2	—	2	Desgl.
11. Löbker.	2	—	2	In 1 Falle Recidiv nach 4 Mon. Pylorektomie. Heilung.

N a m e.	Zahl d. Operat.	Todes- fälle n. der Operat.	Ope- rative Erfolge	B e m e r k u n g e n.
12. Köhler.	1 (Narbe nach H Cl Ge- nuss.)	1 (Col- laps.)	—	—
13. Riegner.	1	1	—	—
14. Gould.	1	1	—	—
15. v. d. Hoeven	1 (Ulcus- narbe.)	—	1	Nach 2 Jahren gutes Befinden.
16. Carle.	1	—	1	Heilung. Näheres fehlt.
17. Falleroni.	1	—	1	desgl.
18. Limont and Page.	1	—	1	desgl.
19. Rohmer.	1		1	Nach 5 Mon. Recidiv. Op. nach Loreta. Heilung.
20. Löwenstein.	—	—	1	Heilung. Näheres fehlt.
Summa:	47	10	37	In 12 Fällen war das Befinden nach 1/2, 1, 1 1/2. 2, 3 und 5 Jahren gut. In 5 Fällen trat nach 4, 5, 8 und 12 Mon. Recidiv ein, 2 mal Tod an Tuberkulose und Selbstmord. In 2 Fällen war das Befinden nach 2 und 3 Monaten recht gut, über die 18 anderen liegt nur die Angabe „Heilung" vor.
		das entspricht ungefähr: 21,1 %	78,8 %	

Die Heilungsziffer der Pyloroplastik fällt hiernach ungefähr mit der der Gastroenterostomie zusammen. Indess scheint die Operation, wie mehrere Fälle zeigen, nicht vor dem Wiederauftreten der Verengerung zu schützen. Die Besserung wird auch dort keine anhaltende sein, wo ein muskelschwacher oder stark erweiterter Magen die Speisen nur mühsam bis zum Pylorus zu heben vermag. Ausserdem wird auf die Gefahr hingewiesen, dass ein auf einer Geschwürsnarbe sich entwickelndes Carcinom eine neue Verengerung herbeiführen könne. Die Gastroenterostomie gewähre auch in solchen Fällen den Speisen einen guten Abfluss. Verbieten wird sich die Pyloroplastik dort, wo die Verengerung eine sehr hochgradige ist oder eine weite Strecke des Duodenums mitbetrifft; ferner, wo schwer lösbare Verwachsungen mit den Nachbarorganen vorliegen. Hiernach wird sich die Pyloroplastik besonders in den Fällen empfehlen, wo bei guter Muskelkraft des Magens ein frei beweglicher, nicht zu sehr verengter und nachgiebiger

44

Pylorus vorliegt. Das gilt in erster Linie von den durch Verätzung enstandenen Strikturen.

Loretasche Pylorus-divulsion. Ich möchte noch einer Operation gedenken, die hauptsächlich in Italien und Amerika geübt wird, der Operation nach Loreta. Sie besteht in der digitalen oder instrumentellen Erweiterung des gutartig verengten Pförtners von einer Magenwunde aus. Die Erfahrung, dass erst wochen- und monatelange Behandlung bei gutartigen Speiseröhrenverengerungen zum Ziele führt, wird von vornherein nicht sehr dafür sprechen, dass in der Regel eine einmalige, wenn auch gewaltsame Erweiterung den Pylorus dauernd durchgängig halten werde. Die Berichte der Chirurgen enthalten demgemäss auch häufig Angaben über das Zurückkehren der Verengerung nach einigen Monaten, ja selbst Wochen und Tagen. Ganz abgesehen von der Unsicherheit des Erfolges ist die Operation wegen ihrer Gewaltsamkeit auch noch mit erheblichen Gefahren verbunden. Mintz fand unter 22 Fällen Loretascher Operation 9 Todesfälle und 13 sogenannte Heilungen. Es kommt während des Eingriffs nicht selten zu schweren Zerreissungen der Darm- und Magenwände, welche die Operation sehr verwickeln und zu häufigen Misserfolgen Veranlassung gegeben haben. Andauernde und wirklich gute Erfolge scheinen zu den Ausnahmen zu gehören. Uebrigens kommen auch die Momente in Betracht, die schon bei der Resektion und Pyloroplastik die Sicherheit eines guten Erfolges in Frage stellen können. In Deutschland hat die Loretasche Operation wenig Anhänger; man widmet ihr nur ein historisches Interesse.

Operationen bei Sanduhrmagen. Gastroanastomose. Gastroplastik. Es ist noch einer Form von mechanischer Störung Erwähnung zu thun, die auch in der Regel durch die Vernarbung von Geschwüren zu stande kommt. des Sanduhrmagens. Derselbe entsteht gewöhnlich durch die Retraktion und Vernarbung eines Geschwürs der kleinen Curvatur oder des Magenfundus. Die Diagnose ist sehr schwer zu stellen. Am häufigsten entwickelt sich in dem kardialen Teil des Magens das typische Bild der mechanischen Insufficienz. Die Muskulatur des Fundus vermag die Speisen nicht durch die verengte Stelle hindurchzuheben, sie entweichen, wo der erste Sack nicht sehr geräumig ist, leicht nach der Seite des geringeren Widerstandes, sie werden erbrochen. Wölfler nahm einmal Veranlassung, bei einem Sanduhrmagen operativ vorzugehen. Unterhalb der Oeffnung, durch die die beiden Säcke des Magens mit einander zusammenhingen, stellte er möglichst auf dem Grunde des Magens

eine Anastomose zwischen den beiden Teilen her. Die
Speisen konnten durch dieselbe leicht aus dem kardialen
in den Pylorusteil des Magens und von dort in den Darm
gelangen. Bei kleiner Verengerung empfiehlt Wölfler so
vorzugehen wie bei der Pyloroplastik (Fall von Doyen)
oder die Narbe zu excidieren und die Wundränder zu ver-
nähen. Bei hochgradiger Stenose sollte die „Gastroanastomose" ausgeführt werden.

Ueber die funktionellen Resultate der Operationen
bei gutartigen Verengerungen des Pylorus oder Duodenums
hat sich folgendes ermitteln lassen. Nach der Resektion
stellen sich die motorischen Funktionen nur langsam wieder
her. In dem Falle, den Béla v. Imredy untersuchte,
wurden erst nach 1 Monat die Speisen in der normalen
Zeit aus dem Magen hinausbefördert. Selbst darnach blieb
noch ein gewisser Grad von Erweiterung zurück. Hyper-
sekretion, Aufstossen und Sodbrennen blieben noch einige
Monate lang bestehen und machten noch häufige Magenausspülungen nötig. Schliesslich verloren sich auch die
sekretorischen Störungen. Es liegen leider keine weiteren
Untersuchungen über die Magenfunktionen nach Resektion
vor. Es ist nicht anzunehmen, dass die Operation sonst
auch so ungünstige Resultate gehabt hat.

Nach der Pyloroplastik fand Klemperer an einem
Kranken, der von v. Bardeleben wegen einer Aetzstenose
des Pylorus operiert worden war, dass der früher erweiterte
Magen sich nach einigen Wochen zu seiner normalen
Grösse zurückgebildet hatte. Boas konnte in einem anderen Falle auch die Rückkehr der normalen mechanischen
und chemischen Funktionen feststellen.

Ueber die Thätigkeit des Magens nach der Gastroenterostomie wegen gutartiger Stenosen haben Dunin,
Grundzach, Mintz und Rosenheim sorgfältige Untersuchungen angestellt. Ihre Resultate lassen sich dahin
zusammenfassen: der Magen nimmt allmählich seine normalen Dimensionen an. Der künstliche Pförtner bringt
einen guten Abschluss der Speisen vom Darm zustande.
Die motorische Funktion wird allmählich normal, oft nach
kurzer Zeit. In allen Fällen ist eine vorsichtige Ernährung
inne zu halten, um die geschwächte Muskulatur nicht zu sehr
zu belasten. Die Sekretion bessert sich bald. Die Hyper-
sekretion verschwand, nachdem sie lange Zeit bestanden
hatte. Wo vor der Operation Salzsäure nur in unternormaler
Menge oder garnicht abgeschieden wurde, wird der Chemis-

mus nach der Operation nicht mehr der des gesunden
Magens werden. In solchen Fällen pflegen die Drüsen
teilweiser oder vollständiger Atrophie verfallen zu sein.
Demnach ist das Verhalten der sekretorischen Funktion
nach der Gastroenterostomie von dem Zustande der Schleimhaut vor der Operation abhängig. Dass diese Schilderung
nicht für alle Fälle zutrifft, kann dem Werte der Gastroenterostomie im ganzen nur geringen Eintrag thun.

Ein nicht gerade seltenes Vorkommnis nach der
Gastroenterostomie ist die Anwesenheit von Galle und
Pankreassaft im Magen. Geringe Mengen sind belanglos,
grössere vermögen indess die Wirkung des Magensaftes
durch Neutralisierung der Salzsäure erheblich zu stören
oder gar ganz aufzuheben. Kaensche berichtet über einen
Fall von schwerem galligem Erbrechen. Es scheint in
solchen Fällen zu einer besonders starken Rückstauung
des Sekrets durch den Pylorus zu kommen, nachdem sich
dasselbe in dem zuführenden Teil der an den Magen an-
gehefteten Dünndarmschlinge angesammelt hat. Es kann
dieser Rücktritt von Galle übrigens auch unter normalen
Verhältnissen stattfinden. Doyen macht darauf aufmerksam,
dass die anatomischen Bedindungen dies bewirkten. Es liegt
nämlich das Ende der pars ascendens duodeni in vielen
Fällen höher als der Pylorus, so dass die höhere Flüssig-
keitssäule in dem längeren Schenkel des Duodenums bewirken müsste, dass die mit Galle gemischten Speisen
durch die kürzere pars descendens duodeni in den Magen
getrieben würden. Weit bedenklicher als der Rücktritt
von Galle in den Magen ist bei der Gastroenterostomie
die Ansammlung von Speisebrei in dem zuführenden Teil
der in den Magen eingefügten Dünndarmschlinge. Braun
und Doyen beobachteten in 2 Fällen eine 2 l betragende
Menge in dem zu einem Sacke ausgeweiteten Dünndarm-
teil; die Kranken gingen an unstillbarem Erbrechen oder
bei einer neuen Eröffnung der Bauchhöhle zu Grunde. Es
sind zur Vermeidung dieser Uebelstände zahlreiche Modi-
fikationen an der Fistelöffnung vorgenommen worden. Doch
scheint man sich heute darauf zu beschränken, die Dünndarmschlinge in einen möglichst tief gelegenen Teil des
Magens und in der Weise einzupflanzen, dass Magen- und
Darmperistaltik in gleicher Richtung wirken. Die erwähnten Zufälle sind heute verhältnismässig selten geworden. Auch hat man erfahren, dass in jedem Falle die
Einnähung einer tiefgelegenen Darmschlinge zu vermeiden

sei. Es ist möglichst die erste Jejunalschlinge zur Anastomose zu verwenden. Rockwitz, Kraske, Lauenstein und
andere verloren ihre Operierten, weil sie eine Darmschlinge
in den Magen eingefügt hatten, die wenig über $1/2$ m vom
Coecum entfernt war. Die Kranken starben an unstill-
baren Diarrhoeen. Die Gefahr der Kompression des Colon
transversum durch die darübergelagerte Dünndarmschlinge
wird heute Dank der technischen Uebung und vervoll-
kommneten Methoden so gut wie vermieden.

Es bleibt nun noch einiges über die übrigen Ursachen der mechanischen Insufficienz und ihre operative
Behandlung zu sagen. Hier kommen zunächst die Geschwülste des Magens in Betracht. Das Carcinom war
seiner Sonderstellung wegen schon früher besprochen
worden. Gutartige Magengeschwülste, wie Myome und
Adenome, haben nur äusserst selten zu Pylorusverengerung
oder -verschluss geführt. Bouveret erwähnt einen Fall
von Fibromyom; Rupprecht und v. Erlach schritten je
einmal wegen grosser, sehr schmerzhafter Magentumoren
zur Operation. Es handelte sich in diesen Fällen um
Myome der vorderen Magenwand; ob dieselben mechanische
Störungen verursachten, ist mir nicht bekannt. Der Resektion des Tumors folgte bei R. nach 14 Tagen der Tod
an Pneumonie, bei v. E. Heilung. Einen Fall von Adenom
teilt Chiari mit.

Von Geschwülsten, die ausserhalb des Magens gelegen
sind, können besonders die des Pankreas und der Leber
zur Kompression des Pylorus oder Duodenums Veranlassung
geben. Da dieselben inoperabel sind, wird nur die
mechanische Störung in der Magenfunktion Gegenstand
einer operativen Behandlung bleiben. Gegebenen Falles
wäre die Gastroenterostomie auszuführen. Die Diagnose
der gutartigen Magentumoren, wie der ausserhalb des
Magens gelegenen Geschwülste als solcher ist in der Regel
sehr schwierig.

In seltenen Fällen vermag auch die mit Steinen
gefüllte Gallenblase ausser den anderen Verdauungs-
störungen einmal einen solchen Druck auf den Anfangsteil
des Duodenums auszuüben, dass daraus ein gefährliches
Hindernis für die Fortschaffung der Speisen aus dem
Magen entsteht. Die Anwesenheit von Steinen in der
Gallenblase hat wohl einigemale zufällig bei Operationen
am Magen (Czerny, Kroenlein, Kappeler) zur Cholecysto-
omie Veranlassung gegeben. In den Fällen war das

Operative
Behandlg.
der durch
Geschwül-
ste, Fremd-
körper, pe-
ritonitische
S ränge be-
dingtenStö-
rungen.

mechanische Hindernis nicht auf die Cholelithiasis zurück-
zuführen. Nur in einem Falle von Mikulicz gab die mit
Steinen gefüllte Gallenblase zur Kompression des Duodenums
Veranlassung und damit die Indikation für den chirurgischen
Eingriff ab. Demselben folgte die Heilung.

Die bei beweglicher rechter Niere bestehenden Magen-
störungen beruhen wohl in der Regel auf der oft gleichzeitig vorhandenen Tieferlagerung und Atonie des Magens,
ausserdem der Neurasthenie, die die Enteroptose zu begleiten
pflegt. Dass eine bewegliche rechte Niere durch Druck
oder Abknickung des Duodenums ein Hindernis für die Aus-
fuhr der Speisen aus dem Magen bilden könne, scheint nur
durch eine Erfahrung Küsters bewiesen zu sein.

Von den durch Fremdkörper hervorgerufenen Störungen
in der motorischen Funktion des Magens soll noch später die
Rede sein.

Es wäre noch darauf aufmerksam zu machen, dass
auch die Residuen lokal peritonitischer Prozesse die Ursachen für eine mechanische Insufficienz des Magens ab-
geben können. In der Mehrzahl der Fälle geht eine
cirkumskripte Peritonitis in der Magengegend mit Erkrankungen des Magens, namentlich Geschwüren, Hand in Hand.
In seltenen Fällen vermag indess auch eine selbständige
Peritonitis für sich allein oder die Entzündung der Serosa
bei einer Cholelithiasis durch zurückgebliebene Stränge eine
gefährliche Einschnürung oder Abknickung des Pylorus oder
Duodenums herbeizuführen. Bei derartigen Zuständen ist
ein Erfolg nur von einer operativen Behandlung zu erwarten.
Postempski, Billroth, v. Remedi, Colzi hatten in 6 Fällen
Gelegenheit, wegen derartiger perigastritischer und perichole-
cystitischer Stränge einzugreifen. Lürken, Landerer, Robson,
Ebstein und Lenander teilen weitere 10 Fälle mit, wo in der
Mehrzahl Verwachsungen des Pylorus und Duodenums mit
der Leber und Gallenblase, oder des Colon transversum mit
dem Magen zu heftigen Koliken und Knickungen des
Pförtners Veranlassung gegeben hatten. Die Lösung der
Adhäsionen beseitigte die Schmerzen wie die motorischen
Störungen in der Magenfunktion. Allerdings schien eine
Wiederverklebung der angefrischten Flächen nicht ausge-
schlossen. In 2 Fällen hatte die Operation infolge einer
Peritonitis einen unglücklichen Ausgang.

Man wird besonders dort an derartige Zustände zu
denken haben, wo eine diffuse oder cirkumskripte Peritonitis
bestanden hat. Landerer macht darauf aufmerksam, dass

bei aktiven und passiven Bewegungen des Rumpfes wie des Magens — besonders bei Spülungen und nach dem Essen — heftige Schmerzen durch die Zerrung der Adhäsionen zustande kämen. Auch wo der Magen sich einmal leer, einmal voll erweise, müsse man auf peritonitische Residuen Verdacht haben. Dieselben vermöchten nur bei stark gefülltem und herabgesunkenem Magen den Pylorus abzuknicken, während kleinere Mengen von Speisen der wenig belastete Magen leicht hinauszuschaffen vermöchte.

Der sehr häufigen Form der konsekutiven Erweiterung und Insufficienz steht die seltenere der primären, idiopathischen oder atonischen gegenüber. Diese beruht bekanntlich auf einer Schwäche der Magenmuskulatur, in selteneren Fällen auf Innervationsstörungen. Sie findet sich häufig in der Rekonvalescenz ·nach schweren Krankheiten, langdauerndem Missbrauch von Speisen und Getränken. Subjektiv giebt sie bald zu leichteren, bald zu schwereren dyspeptischen Störungen Veranlassung, objektiv äussert sie sich dadurch, dass eingeführte Nahrungsmittel über die normale Zeit hinaus im Magen verweilen, schliesslich aber doch vollständig in die Därme geschafft werden. Bei langjährigem Bestehen des Leidens und unzweckmässigem diätetischen Verhalten kann die anfängliche Atonie einer wirklichen Erweiterung Platz machen, zugleich pflegen auch die Beschwerden stärkere zu werden, doch bleiben sie hinter denjenigen der konsekutiven Erweiterung erheblich zurück. Immerhin kommen Fälle vor, wo auch die atonische Ektasie den Organismus so sehr zu schädigen vermag, dass eine innere Behandlung keinen Erfolg mehr hat und schliesslich, um den Kranken noch lebens- und arbeitsfähig zu erhalten, ein operativer Eingriff notwendig wird.

Operative Behandlg. der idiopatischen Magenerweiterung.

Bircher aus Aarau gab vor einigen Jahren ein Verfahren an, mit dem der mechanischen Störung auf verhältnismässig leichte Weise erfolgreich abgeholfen werden könnte. Er bildete aus der Wand des erweiterten Magens eine oder mehrere Falten, die in das Lumen desselben herabhingen und allmählich zur Atrophie kommen sollten. Durch diese Verkleinerung des Magenraumes sollte einmal eine Verstärkung der Wand bewirkt werden, damit diese dem Drucke der Speisen einen grösseren Widerstand entgegensetzen könnte, andrerseits sollte durch Verringerung der Hubhöhe der Magen die Ingesta leichter zum Pylorus hinausbefördern können. Nach Beseitigung der Stagnation

Birchers Operation.

sollte auch der Katarrh verschwinden und die Drüsenthätigkeit wieder eine normale werden. Bircher selbst verfügt über 10 Fälle, bei denen er nach seiner Methode teils wegen einer atonischen Erweiterung, teils wegen einer auf Pylorusverengerung beruhenden operierte. Er erlebte unter diesen Fällen einen Misserfolg. Die übrigen Resultate konnten für befriedigend gelten. Die Beschwerden schwanden auf Jahre und bis zur völligen Heilung. Doch mussten häufige Spülungen noch lange Zeit hindurch gemacht werden. In den Fällen, wo wegen einer Pylorusverengerung operiert worden war, hatte die Operation nur einen geringen Nutzen. Ausser Bircher haben noch Weir und Brandt je einmal das Birchersche Verfahren geübt. Hin und wieder ist es noch zur Beseitigung partieller Ektasieen angewendet worden. Bircher empfiehlt es ausserdem zur Kombination mit der Pyloroplastik bei stark erweitertem Magen, und zur Deckung von Stellen, von denen stärkere Adhäsionen mit Zurücklassung von tieferen Defekten gelöst wurden, oder wo Geschwüre zum Durchbruch kommen könnten.

Nach den bisherigen Erfahrungen wird sich die Birchersche Operation indess nur in den Fällen von atonischer Dilatation mit einiger Aussicht auf Erfolg anwenden lassen. Verengerungen des Pylorus werden bald ihre schädliche Rückwirkung auf den zwar verkleinerten, aber motorisch nicht kräftiger gewordenen Magen ausüben und eine neue Erweiterung herbeiführen. Selbst bei atonischer Ektasie muss, damit der Erfolg günstig und anhaltend werde, die Muskulatur noch über eine gewisse Kraft verfügen, damit die Speisen nicht zu lange in dem Magen zurückbleiben und so eine abermalige Erweiterung veranlassen.

Gastroenterostomie. Ein anderes Verfahren, welches bei der atonischen Dilatation in Anwendung gekommen ist, ist die Gastroenterostomie. Diese erscheint von vornherein zweckmässiger als die Birchersche Methode, weil sie auch bei vorhandener schwerer Myasthenie oder Atrophie der Muscularis den Speisen einen guten Abfluss sichert. Sie kam bisher nur in 2 Fällen zur Anwendung, durch Jeannel und v. Kleef. Letzterer erzielte einen guten Erfolg, der Kranke Jeannels starb nach wenigen Tagen an Pneumonie. Als dem ungefährlicheren Verfahren wäre vielleicht dem von Bircher vor der Gastroenterostomie der Vorzug zu geben; doch ist es leider in seinen Erfolgen zu unsicher.

51

Man wird übrigens nur selten zu einem operativen Eingriff bei atonischer Dilatation schreiten. In der Regel gehen die motorischen Störungen auf einige Magenausspülungen und eine entsprechende Diät zurück. Nach Verschwinden der Stagnation gewinnen Muskulatur und Drüsen wieder an Kraft, auch das Allgemeinbefinden erfährt eine baldige Besserung. Nach einigen Monaten kommen dieselben Kranken wieder mit den alten Klagen. Die alte Therapie thut auch hier wieder ihre Dienste. Andere Kranke leben bei beträchtlicher Erweiterung und starker Beeinträchtigung der Drüsenthätigkeit lange Jahre, ohne sich erheblich krank zu fühlen. Sie müssen täglich ihre Ausspülungen machen, um die stagnierenden Speisen vom vorangegangenen Tage zu entfernen, doch passt sich der Organismus bald der Ernährung an und erleidet keine oder nur sehr geringe Schwankungen des Gewichts. (Grundzach.)

Ueber die Indikationen zur Operation bei den gutartigen Pylorusverengerungen.

Bei der auf einer Verengerung des Pylorus beruhenden mechanischen Insufficienz sind wir öfters auf die operative Behandlung angewiesen. Indess erfordert eine Entscheidung für einen chirurgischen Eingriff die sorgfältigste Erwägung. Es giebt Kranke, die eine sekundäre Magenerweiterung haben in Folge einer Verdickung oder Infiltration der Pylorusmuskulatur. Die chemische Funktion des Magens ist wenig gestört. Der Durchtritt der Speisen in den Darm ist zwar erschwert, doch besteht ein bedrohliches Hindernis durchaus nicht, obwohl es zu befürchten ist, wenn die Muskelkraft des Magens erlahmt. In diesen Fällen ist es noch möglich, mit diätetischen Massregeln, Magenausspülungen, wenn die Speisen lange in dem Magen liegen bleiben, die Muskulatur zu schützen und den Zustand des Kranken erträglich zu erhalten. Die motorische Insufficienz tritt in solchen Fällen ein oder mehrere Mal im Jahre auf, um mit Perioden ganz guten Befindens abzuwechseln. Auch in Fällen, wo eine narbige Verengerung nach deutlichen Geschwüren eingetreten ist, vermag eine Zunahme der Muskelkraft des Magens das mechanische Hindernis bald zu überwinden, so dass der Zustand der Kranken bald ein besserer wird. Auch scheint die Narbe, wenn die Stagnation aus dem Magen verschwunden ist und die Schleimhaut aus dem anhaltenden Reizzustande herauskommt, noch nachträglich eine Verflachung zu erfahren, so dass der Pylorus wieder durchgängiger wird. In jedem Falle sollen für einen operativen Eingriff nur der Grad der motorischen Störung und der Zustand der

4*

Ernährung massgebend bleiben, vorausgesetzt, dass ein Carcinom ausgeschlossen ist. Wo sich eine fortschreitende Abnahme des Körpergewichts trotz aller diätetischen und sonstigen inneren Massregeln einstellt, wird die Notwendigkeit einer Operation nicht mehr eine Frage bleiben. Ein langes Zaudern lässt den Kranken nur noch mehr an Kraft verlieren, so dass sein Zustand schliesslich einen operativen Eingriff kaum noch gestattet.

Die Entscheidung für eine Operation wird notwendig auch von den äusseren Verhältnissen des Kranken abhängig zu machen sein. Einem Arbeiter, der Kraft und Gesundheit braucht, um sich und seine Familie zu ernähren, werden wir eher zu einer Operation raten, wie Einem, der in guten Verhältnissen lebt und sich eine sorgfältige innere Behandlung mit Ruhe und Schonung gestatten kann.

Ueber die Art des Eingriffs wird der Chirurg den Verhältnissen gemäss und nach seiner persönlichen Uebung entscheiden. Doch scheinen die Gastroenterostomie und, wo die Bedingungen günstige sind, die Pyloroplastik am empfehlenswertesten zu sein. Dem inneren Arzte bleibt die Aufgabe, die Krankheit in ihrem Wesen und ihrer Prognose zu erkennen und gegebenen Falles den günstigen Zeitpunkt zur Ueberweisung an den Chirurgen nicht vorübergehen zu lassen.

Ueber die operative Behandlg. der Blutungen, Perforation v. Geschwüren und des subphrenischen Abscesses.

Ausser dem Carcinom und den mechanischen Störungen begegnen wir in der Magenpathologie noch einigen schweren Krankheitszuständen, die wegen ihrer Lebensgefährlichkeit in der Mehrzahl der Fälle einen schnellen operativen Eingriff erfordern. Es sind die schweren Blutungen und die Perforation von Magengeschwüren.

Erstere haben, da sie selten einen lebenbedrohenden Charakter annehmen, bisher nur zwei Mal zu einer Operation geführt. In einem Falle von Mikulicz bestanden unstillbare Blutungen infolge eines Geschwürs am Pylorus. Die Patientin war äusserst herabgekommen. Der operative Eingriff sollte das letzte Rettungsmittel sein. Nach Eröffnung des Magens wurde das Geschwür mit dem Thermokauter verschorft und der verengte Pylorus durch eine Plastik durchgängig zu machen gesucht. Doch starb die hochgradig geschwächte Patientin am 3. Tage nach der Operation an Collaps und umschriebener Peritonitis. — In einem anderen Falle von Kuester handelte es sich um eine 21jährige Tagelöhnerin, die seit mehreren Jahren an heftigen Magenbeschwerden litt. Eine Nephrorraphie sollte die vermeintliche Knickung des Pylorus und Duodenums durch die rechte Niere heben. Nach anfänglicher Erholung erkrankte sie nach 1½ Jahren wieder, sodass sie nach 2 Jahren die Hälfte ihres Körpergewichts verloren hatte. Dazu schwächten sie schwere Magenblutungen in hohem Masse. Es musste zu einer neuen Operation geschritten werden. Es fand sich nach Eröffnung des Magens ein stark blutendes Geschwür am Pylorus, diesen erheblich verengend. Der Grund des Geschwürs war fest mit dem Pankreas verwachsen. Aus demselben wurden ein Kirsch- und ein Pflaumenkern entfernt. Dieselben mussten Jahrelang darin gelegen haben, da die Kranke Obst seit Jahren nicht gegessen haben wollte. Das Geschwür wurde energisch verschorft und die Gastroenterostomie angeschlossen. Die Kranke genass und erholte sich bald sehr erheblich. — Die Fälle, in denen während anderer Operationen am Magen zufällig Geschwüre entdeckt und durch Excision (Billroth, Czerny) entfernt wurden, zählen nicht hierher. — Aus der Seltenheit dieser Operationen erhellt, dass auch die Chirurgen sich nur in den dringendsten Fällen zu einem Eingriff entschliessen. Nach allen Erfahrungen — Brinton stellte das für 85 % der Magengeschwüre fest — heilen dieselben durch Ruhe und Diät. Man wird sich daher auch nur dann zu operativem Vorgehen entschliessen, wenn, wie in den vorliegenden Fällen, frische oder wiederholte Blutungen zu lebensgefährlichen Zuständen geführt haben.

Eine andere lebensgefährliche Komplikation des Geschwürs ist die Perforation desselben in die Peritonealhöhle. Nach Gerhardt und Brinton findet sich dieselbe in 13 % aller Fälle von Magengeschwür. Für die Diagnose weist Ebstein auf die Starre der Bauchmuskulatur verbunden mit Abflachung des Leibes, auf das Verschwinden oder die Verkleinerung der Leberdämpfung und das Erbrechen hin. Letzteres ist kein konstantes Symptom. Der operative Eingriff besteht in der Eröffnung der Bauchhöhle, Vernähung der Durchbruchsstelle des Geschwürs und Reinigung der Peritonealhöhle. Ich schliesse mich im folgenden einer kürzlich von Pariser veröffentlichten Arbeit an. Auf die Frage, welches ohne chirurgisches Eingreifen der Ausgang der frei in die Bauchhöhle erfolgten Perforation eines Geschwürs sei, giebt er die Antwort: der Tod. Giebt nun die bisherige Erfahrung eine begründete Aussicht darauf, dass ein operativer Eingriff die Prognose günstiger gestalten werde, und giebt eine Betrachtung der Statistik vielleicht gewisse Normen, deren Innehaltung die Aussichten auf eine Heilung in Zukunft verbessern könnten? Unter den von Bouveret genannten 11 und den von Rosenheim gesammelten 15 Fällen fand sich nur ein günstiger Ausgang nach dem operativen Eingriff, und zwar in dem Falle von Kriege-Heusner aus dem Jahre 1892. Im Gegensatz zu Mintz und Rosenheim, die eine Operation nur als ultimum refugium betrachtet wissen wollen, tritt Pariser für dieselbe als erstes Hilfsmittel ein. Er giebt eine Zusammenstellung von 43 Fällen mit 11 Heilungen und 32 Todesfällen. Ich kann noch 4 weitere Fälle hinzufügen, 2 von Schuchardt, 1 von Wagner, 1 von v. Wahl. Nur 1 Fall von Schuchardt kam zur Heilung. Es kamen demnach von 47 Operierten 12 zur Heilung, 35 gingen zu Grunde. Pariser kommt nun bei Betrachtung seiner Fälle zu dem Schlusse. dass ein möglichst zeitiges Eingreifen nach der Perforation die Aussicht auf einen Erfolg wesentlich erhöhe. Alle Fälle, die später als 10 Stunden nach festgestelltem Durchbruch des Geschwürs zur Operation kämen, hätten so gut wie keine Aussicht mehr, gerettet zu werden. Indess fanden sich Ausnahmen. Morison erlebte einen unglücklichen Ausgang in einem Falle, den er 2 Stunden nach der Perforation operieren konnte: Haward und Heusner operierten 12 und 16 Stunden nach Eintritt der Perforation, die Kranken genasen — Ausschlaggebend für den Erfolg des Eingriffs seien:

1) Die schnelle und gute Erreichbarkeit des perforierten Geschwürs, also sein Sitz und die Kenntnis desselben. Dadurch werde die Operationszeit abgekürzt, damit würden weniger Manipulationen in der Bauchhöhle nötig und die Gefahr des Austritts von Mageninhalt auf das Peritoneum eine geringere. In 28 Fällen seiner Zusammenstellung fand Pariser, dass perforierende Geschwüre vorzüglich (22 mal) an der vorderen Magenwand sassen und hier besonders im kardialen Teil des Magens (unter 20 Fällen 16 mal), seltener (6 mal) an der hinteren Magenwand und im Pylorusteil (unter 20 Fällen 4 mal). Er erklärt sich dieses Verhalten daraus, dass es bei den auf der Vorderwand sitzenden Geschwüren nicht zu schützenden Verwachsungen komme, während bei denen auf der Hinterwand des Magens in der Regel vor dem Durchbruch eine Verlötung mit den Nachbarorganen stattfinde. Die Perforationen betrafen in erster Linie Frauen, unter 29 Fällen

25 mal Frauen, 4 mal Männer. Berthold fand Perforation von Geschwüren in 77 % der Fälle bei Frauen, in 23 % bei Männern. Demnach würde die Behandlung eines Geschwürs bei Frauen besonders sorgfältig sein müssen.

2) Der Füllungszustand des Magens während und nach der Perforation und das Verhalten seines Inhalts in Bezug auf Zersetzungen, weniger die Grösse der Perforation.

3) Die Zahl der Durchbruchsstellen. Stelzner verlor seinen Kranken an den Folgen einer 2. Perforation, die er bei der Operation übersehen hatte. Mehrfache Geschwüre finden sich nach Brinton in 20 % der Fälle.

„Führt nun, fragt P. weiter, eine Perforation ohne chirurgische Hilfe immer zum Tode?" „Nein". Es gebe Heilungen. Doch sei diesen der Umstand gemein, dass der Magen bei der Perforation von Speisen leer war. Die Kranken hatten auch nach dem Eintreten des Zufalls nichts mehr zu sich genommen. Es werden 15 Fälle angeführt, die bei leerem Magen spontan und nur unter den Zeichen einer leichten Peritonitis zur Heilung kamen. Der leere Magen pflegt kontrahiert zu sein und die Oeffnung selbst zu verschliessen. Darum sei bei sicher leerem Magen nicht zu operieren, sondern bei absoluter Ruhelage auf dem Rücken und völliger Enthaltung von aller Nahrung eine Spontanheilung abzuwarten. In den Fällen aber, wo der Magen bei der Perforation nicht leer gewesen, solle stets, doch nur bei gutem Kräftezustande operiert werden. In allen Fällen, in denen der Magen während der Perforation nicht Speisen enthalten habe, bei denen sich später aber doch bedrohliche Symptome einstellten, sei auch operativ vorzugehen, vorausgesetzt, dass der Kräftezustand ein guter wäre. — In Rücksicht auf die immerhin bestehende Unsicherheit der Operation mag hier noch einmal betont werden, dass die beste Sicherheit gegen die Perforation des Geschwürs die Prophylaxe bleibt, dass jeder Fall von frischem Ulcus mit absoluter Bettruhe und Nahrungsenthaltung zu behandeln, dass aber ganz besonders Sorgfalt und Vorsicht am Platze ist, wo ein Geschwür trotz langer medikamentöser und diätetischer Therapie nicht zur Heilung kommen will. Wo eine Perforation eintritt bei sicher gefülltem Magen, wo bedrohliche Symptome trotz vermeintlich leeren Magens auftreten, wird bei gutem Kräftezustande unbedingt die Operation anzuraten sein.

Die an die Perforation eines Magengeschwürs sich

anschliessende Peritonitis kann sich, wo sie nicht vorher zum Tode geführt hat, auf den oberen Teil der Bauchhöhle beschränken. Durch Verklebungen der Peritonealblätter kommt es zur Bildung abgekapselter Räume. Liegt die Perforationsöffnung des Magengeschwürs in einem solchen abgekapselten Raume, so pflegt sich der sogenannte subphrenische Abscess, der Pyopneumothorax subphrenicus (Leyden), zu entwickeln.

Unter Schmerz und Fieber, ohne dass Husten und Auswurf besteht, entsteht nach den Erscheinungen einer allgemeinen Perforativperitonitis im unteren Teile der rechten oder linken Thoraxpartie eine Eiteransammlung. Für die Perkussion ergiebt sich über dieser Stelle hinten und vorn eine Dämpfung, für die Auskultation eine Aufhebung des Atemgeräusches. Häufig lässt sich ein deutliches Succusionsgeräusch und eine Veränderung der physikalischen Symptome bei Lagewechsel beobachten. Bei rechtsseitigem subphrenischen Abscess findet sich oft ein erheblicher Tiefstand der Leber; sie kann sogar schon in Nabelhöhe fühlbar werden. Ein Durchbruch des Eiters in die Luftwege führt zu heftigem eitrigen Auswurf und kann eine zweifelhafte Diagnose entscheiden.

Eine Spontanheilung dieses schweren Zustandes ist äusserst selten. Sie kann dann zustande kommen, wenn der Eiter unter besonders günstigen Verhältnissen einen Weg durch die Lungen oder den Darm nach aussen findet. Maydl fand unter 104 Fällen nur 6 in Spontanheilung übergehen. Unter 74 Fällen indess, die zur Operation kamen, genasen 39. Maydl und Körte erfuhren unter 10 Operationen wegen subphrenischer Abscesse nur 1 Todesfall. In diese Angaben sind zwar auch die von der Leber, der Niere, dem Wurmfortsatz ausgehenden Abscesse mit eingeschlossen. Doch wird, da nach Maydl subphrenische Abscesse in 20% der Fälle von perforierten Magengeschwüren ausgehen, ein entsprechender Teil der obigen Zahlen sich auf diese beziehen. Debove und Rémond fanden unter 21 Fällen subphrenischer Abscesse, die sich an die Perforation eines Magengeschwürs angeschlossen hatten, nur 1 Heilungsfall. Nowak berichtet über 4 Erfolge. Axel Häggquist schritt bei einer Kranken zur Operation, bei der sich an eine durch Phosphorvergiftung entstandene Gastritis phlegmonosa ein subphrenischer Abscess angeschlossen hatte, indess ohne Erfolg. Mason berichtet über weitere 4 unglücklich verlaufene Fälle. Lindner und Mandry hatten je 1 mal Gelegenheit, bei Abscessen nach Magengeschwüren zu operieren. Letzterer nur erzielte einen Heilerfolg.

Die Operation besteht entweder in einer Eröffnung des in der Peritonealhöhle gelegenen Eiterherdes und Drainage der Oberbauchgegend, oder in der Ableitung des Eiters von der Pleurähöhle aus, indem man nach der Resektion einiger Rippen durch das Zwerchfell vordringt. Renvers empfiehlt die von Bülau für Pleuraexsudate angegebene Punktionsdrainage. Es soll schliesslich zur Verlötung der Abscesswände kommen. Der Uebelstand bei der Operation bleibt der, dass sich so schwer der Ausgangspunkt des Abscesses, die Perforationsöffnung in der Magenwand, schliessen lässt. — Trotz der geringen Zuverlässigkeit wird man aber die Operation bei der trostlosen Prognose der sich selbst überlassenen Krankheit immer in Anwendung ziehen.

Es wäre nun noch auf die Störungen des Magens einzugehen, die durch die Anwesenheit von Fremdkörpern in ihm erzeugt werden. Wo diese nicht durch ihre Gestalt und Oberfläche bald zu schweren Verletzungen und Zerreissungen der Magenwände, damit zu gefährlichen Blutungen oder Perforationsperitonitis führen, bedingen sie durch ihr längeres Verweilen unter dem Bilde einer heftigen Gastritis oder der mechanischen Insufficienz verlaufende Zustände.

Ueber operative Entfernung v. Fremdkörpern aus dem Magen

In die erste Gruppe gehören die spitzen, scharfkantigen und scharfeckigen Gegenstände, wie Nadeln, Nägel, Messer, Gabeln, Löffel, Spangen, Spitzen von Degenklingen, Gebisse und dergleichen mehr. Kinder, Geisteskranke, Selbstmörder, abenteuerliche Künstler oder andere Personen bringen solche Gegenstände absichtlich oder unabsichtlich in ihren Magen. Sie tragen dieselben tage- und wochenlang im Magen umher oder kommen aus berechtigter Sorge alsbald in die Hände des Arztes. Wo grössere scharfe oder spitzige Körper sich im Magen befinden, wird man heute nicht mit einer Operation warten, bis der Gegenstand nach Verlötung des Magens mit der Bauchwand und Bildung einer Phlegmone ans Tageslicht kommt, sondern ihn bald durch Eröffnung der Bauch- und Magenhöhle zu entfernen suchen. Die Operation, schon Ende des siebenzehnten Jahrhunderts und 1825 von Barnes ausgeführt, steht in Bezug auf ihre Gefahr in keinem Verhältnis zu der längeren Abwartens. Ich fand unter 20 Operationen, die wegen verschluckter Fremdkörper, wie sie vorher erwähnt wurden, unternommen worden sind, 2 Todesfälle.

Bei kleineren Gegenständen empfiehlt sich, wenn noch keine bedrohlichen Symptome vorhanden sind, ein abwartendes Verhalten. Gewöhnlich gehen solche Körper mit dem Kot ab, ohne Schaden angerichtet zu haben. Man giebt, um sie gut einzuhüllen und mögliche Verletzungen des Darmes zu vermeiden, viel Kot bildende Substanzen, wie Kartoffelbrei, Grütze, Reis, Erbsen; auch Watte und Baumwolle wird zur Einhüllung empfohlen. Die Londoner Taschendiebe üben dieses Verfahren mit viel Gewinn. Billroth empfiehlt die abwartende Behandlung auch aus dem Grunde, weil kleine Fremdkörper im Magen äusserst schwer zu finden seien.

Diesen mehr das chirurgische Interesse in Anspruch nehmenden Zuständen stehen andere, auch durch Fremdkörper hervorgerufene Erkrankungen gegenüber, welche rücksichtlich ihrer Pathologie Diagnose und Therapie mehr in das Gebiet der inneren Medizin fallen. Es sind die Zustände mechanischer Insufficienz, welche durch Fremdkörper hervorgerufen werden. Dieselben entwickeln sich allmählich nach dem gewohnheitsmässigen Verschlucken kleiner Objekte, wie es teils in aller Sorglosigkeit, teils in abnormen Geschmackslaunen zu geschehen pflegt. Hierher gehört die Bildung von Haargeschwülsten in den Mägen hysterischer Mädchen, die Ansammlung von Obstkernen und dergleichen mehr. Es ist erklärlich, dass solche Körper, wenn sie durch ihre Zahl ein bestimmtes Gewicht erreicht haben, ausser dem Reiz auf die Schleimhaut auch den Magen erheblich zu dehnen vermögen, und bei Festsetzung in der Nähe des Pylorus auch diesen zu verengen im stande sind.

Einen Verschluss des Pylorus oder des Duodenums kann auch einmal ein Gallenstein bewirken, wie er Mikulicz in zwei Fällen beobachtete. Ein taubeneigrosser Gallenstein sass einmal im Pylorus, einmal im Duodenum fest. Einmal konnte er nach einer einfachen Gastrostomie entfernt werden, das andere Mal musste, da der Stein nicht zu beseitigen war, die Gastroenterostomie ausgeführt werden. In beiden Fällen folgte die Genesung.

Dass Fremdkörper eine verhängnissvolle Bedeutung, namentlich bei Geschwüren haben können, lehrt der früher erwähnte Fall von Küster.

Ueber Haargeschwülste berichten Schönborn und Thornton. Sie konnten dieselben nach Eröffnung des Magens entfernen und die Kranken wieder zur Gesundheit bringen. In einem Falle beobachtete Bollinger eine Magengeschwulst, die sich auf dem Sektionstische als ein 900 g schwerer Haarballen erwies. Dieselbe hatte bei dem 17jährigen Mädchen seit 2½ Jahren die heftigsten Magenbeschwerden veranlasst.

Hahn entfernte aus dem Magen eines Tischlers einen apfelgrossen, harten Klumpen. Die Untersuchung zeigte, dass er aus Schellack bestand. Aus dem häufig genossenen Schellackspiritus hatte sich schliesslich ein Schellackball niedergeschlagen und erhebliche mechanische Störungen veranlasst. Es ist erklärlich, dass solche Fremdkörper unter Umständen bösartige Geschwülste vortäuschen können, namentlich wenn auch die chemische Funktion des Magens beeinträchtigt ist. Sie kommen dann als Carcinome zur Operation.

Outten berichtet in „The medical Forthnightly" vom Jahre 1893 über eine andere merkwürdige Ursache schwerer Magenerkrankung: Ein 52jähriger Mann litt seit Jahresfrist an zeitweise auftretender Uebelkeit, Erbrechen und heftigen Schmerzen in der Lendengegend. Es liess sich ein harter, höckriger Tumor von grosser Ausdehnung feststellen, der nach rechts und links verschieblich war, sich aber immer wieder nach dem linken Hypochondrium unter das Zwerchfell zurückzog. Man nahm eine Wandermilz an. Indess ergab die Laparotomie einen 10 cm langen und breiten Körper im Magen, der nach der Eröffnung desselben sich als ein Gastrolith erwies. Ein zweiter Körper derselben Grösse und Art wurde hinterher noch aus dem linken Hypochondrium hervorgeholt. Die Steine waren von lehmartiger Farbe, wogen zusammen 660 g und bestanden aus Sarcine, Stärke, Muskel- und Knochensubstanz. Ein Kern war nicht aufzufinden. Während der Wundheilung führte leider eine Pneumonie zum Tode.

Zum Schlusse sei noch über einen Fall berichtet, der mir von Herrn Professor Ewald überlassen wurde und rücksichtlich seiner Diagnose wie seiner Therapie bemerkenswert ist. Scholder teilt ihn in der Schweizer medizinischen Revue mit. „Bei einer 68jährigen Patientin entwickelte sich nach einer langen Leidensgeschichte, die anfänglich alle Charaktere eines Magengeschwürs darbot und unter typischen Schmerzen, Blutbrechen und blutigen Stühlen die Patientin durch beinahe 24 Jahre an den Rand des Grabes gebracht hatte, ein Tumor in der Magengegend, welcher von Scholder für ein Carcinom gehalten wurde. Magenausspülungen brachten zunächst Erleichterung. S., welcher die Patientin verloren gab, sah sie nur selten wieder; er war aber höchst erstaunt, als er dieselbe nach ungefähr $\frac{1}{2}$ Jahr wieder zu Gesicht bekam und der Tumor verschwunden war. Derselbe hatte anfänglich die Grösse eines Eies und fühlte sich hart und höckrig an. — Die Patientin hatte in der Zwischenzeit die Ausspülungen selbst fortgesetzt und berichtete, dass sie mit der Sonde ungefähr 17 Kirschkerne aus dem Magen hervorgeholt habe, die ihrer Angabe nach nur daher stammen konnten, dass sie 2 Jahr vorher einen groben Diätfehler begangen und rohe Kirschen mit den Steinen gegessen hatte. Nun erst nahm S. eine Untersuchung des Mageninhalts vor und fand, dass 0,26 % freie Salzsäure, also ein über das normale hinausgehender Wert, vorhanden war. Die Patientin setzte die Magenausspülungen fort, erholte sich, nachdem sie noch im Jahre 1893 eine Magenblutung überstanden hatte, und konnte allmählich wieder zu umfangreicherer Kost zurückkehren. Sie wandte zeitweilig, wenn sie nach einer Speise Unbequemlichkeiten verspürte, wieder die Magenwaschungen an. Mit Recht bemerkt S. zu diesem Falle, dass er wohl kaum die Diagnose eines Carcinoms gestellt hätte, wenn er rechtzeitig die Magenkontenta analysiert hätte. Das Bemerkenswerte des Falles liegt aber auch nicht nach dieser Seite hin, sondern darin, dass die Steine einen Tumor vortäuschten."

So kann in Fällen, bei denen im ersten Augenblick nur eine Operation Rettung zu versprechen scheint, doch nach sorgfältiger Untersuchung unser Urteil ein ganz anderes werden und eine innere Behandlung allein zum Ziele führen.

Es wird aber dort, wo ein Tumor mit erheblicher Beeinträchtigung der motorischen und chemischen Funktion verbunden ist, eher an ein Carcinom zu denken und ein operativer Eingriff anzuraten sein, als dass man lange mit vergeblichen inneren Massregeln vorgeht. Wo eine Geschwulst aus Rücksicht auf den chemischen Befund des Mageninhalts als nicht bösartig anzunehmen ist, soll in jedem Falle eine innere Behandlung längere Zeit fortgesetzt werden; ein operativer Eingriff wird dann in Frage kommen, wenn dieselbe vergeblich bleibt und unter der motorischen Störung die Kräfte des Kranken weiter verfallen.

Ausser diesen rein organischen, den Magen selbst betreffenden Affektionen, kommen für die chirurgische Behandlung noch eine Reihe von Erkrankungen anderer Organe in Betracht, bei denen im Vordergrunde der Erscheinungen auch Symptome von Seiten des Magens stehen, in erster Linie heftige Gastralgieen. Von besonderer Bedeutung sind Lageveränderungen der Niere und Leber, Krankheiten der weiblichen Geschlechtsorgane, namentlich Retroflexionen des Uterus und Hernien der Linea alba. Handelt es sich bei den Erkrankungen der weiblichen Geschlechtsorgane mehr um reflektorische Neurosen, können wir bei der Ptose der Niere und Leber, bei den medianen Bauchbrüchen eher direkte Reizungen und Zerrungen der sympathischen Geflechte des Magens und seiner Nachbarschaft annehmen. Es darf indess niemals unterlassen werden, auch den Magen auf seine Funktionen hin zu prüfen. Derartige Neurosen pflegen nicht selten die motorische wie die sekretorische Funktion zu beeinflussen. Dann wird unsere Behandlung ausser der Grundursache auch die Störungen des Magens zu berücksichtigen haben. Ursache und Entstehung der erwähnten Zustände, auch ihre Diagnose mag hier übergangen werden; nur die Hernien der Linea alba sollen uns noch etwas näher beschäftigen. Alle diese Erkrankungen erfordern mehr oder weniger eine chirurgische Behandlung. Insofern sollen sie auch in dieser Arbeit berücksichtigt werden.

. Bei dislocierten Nieren wird man zunächst die konservative Behandlung mit Bandagen, dazu die kalten Abreibungen, Douchen, die Faradisierung und Massage der Bauchdecken in Anwendung ziehen. Auch die Mastkur wird unter Umständen in Anwendung gebracht werden müssen. Indess führen häufig alle diese Massnahmen nicht zum Ziele, so dass als einziger Weg, die Beschwerden des Patienten zu beseitigen, der chirurgische übrig bleibt. Derselbe hat zwei Methoden: 1. die Nephrorraphie oder die Anheftung der Nieren, 2. die Resektion der dislocierten Niere. Letztere Operation wird nur in verzweifelten Fällen von den Chirurgen geübt, besonders wo selbst die wiederholte Anheftung der Niere nichts nutzte. Ausserdem ist die Operation an sich nicht ohne Gefahren. Sulzer sind unter 37 wegen Dislokation vorgenommenen Nierenexstirpationen 9 Todesfälle bekannt.

Die Annähung der Niere wurde 1881 zum ersten ale von Hahn ausgeführt. An sich scheint der Eingriff

Gastralgieen durch Verlagerung von Niere, Uterus, Hernien der Linea alba.

ein ungefährlicher zu sein. Leider sind die endgültigen
Resultate in vielen Fällen keine günstigen. Die Beschwerden
kehren nach kürzerer oder längerer Zeit zurück oder bleiben
selbst nach der Operation bestehen. Dann hat sich nicht
genau erkennen lassen, ob die Beschwerden wirklich auf
der Dislokation der Nieren beruhten. Häufig besteht bei
Wanderniere gleichzeitig auch eine Verlagerung grösserer
Intestinalabschnitte, die vielleicht eher die Beschwerden
veranlassen können, als die verlagerte Niere. Es wird
daher verlangt, dass man zunächst nachweise, dass die
Beschwerden in der That von der Dislokation der Niere ab-
hängen, ausserdem eine Verlagerung anderer Teile ausgeschlossen sei, ehe zur Operation geschritten würde. Die
geringe Gefahr des Eingriffs rechtfertigt indess, glaube ich,
ihn in jedem Falle, wenn alle palliativen Massregeln ohne
Erfolg geblieben sind. Man wird darauf zu halten haben,
dass auch nach der Operation geeignete Bandagen getragen
und nie eine Allgemeinbehandlung gegen die oft bestehende
Neurasthenie unterlassen werde.

Ueber die Beziehungen zwichen Reflexionen des
Uterus und heftigen Gastralgieen hat vor kurzem Panecki
(Therapeutische Monatshefte 1892) einen Beitrag geliefert.
Fast alle Patienten mit Retroflexio uteri klagen über
Magenschmerzen, seltener Apetitlosigkeit, Aufstossen, Erbrechen. In manchen Fällen sind die Magenschmerzen so
quälend, dass vor denselben die Erscheinungen der Retro-
flexion, Kreuzschmerzen, Dysmenorrhoe, Menorrhagieen
ganz zurücktreten. Die Erfahrung hat gelehrt, dass nach
Hebung der Retroflexio die Magensymptome ganz verschwinden. Auch P. beobachtete unter 16 Fällen 8 mal
völliges Verschwinden derselben, nachdem die Retroflexio
beseitigt war. Die motorischen wie chemischen Funktionen
des Magens waren ungestört. Indessen warnt auch Panecki,
alle Magenbeschwerden bei Retroflexio als Reflexneurosen
aufzufassen. In hartnäckigen Fällen solle man nie eine
sorgfältige Untersuchung des Magens unterlassen. P. selbst
konnte in 3 seiner 15 Fälle keine Beziehungen zwischen
beiden Erkrankungen feststellen, in 4 anderen Fällen beruhten die Magenbeschwerden teils auf einem krankhaften
Chemismus und Mechanismus, teils auf anatomischen Ver-
änderungen.

Ich habe zum Schlusse noch des medianen Bauch-
bruchs in seinen Beziehungen zu Magenerkrankungen zu
gedenken. Der mediane Bauchbruch tritt im ganzen Um-

fange des Unterleibes, auf der Linea alba und zu beiden
Seiten, ausser am Nabel und Poupartschen Bande, auf.
Er kommt im Bezirke des Musculus rectus abdominis
durch kleine Spalten zum Vorschein, die seltener median,
für gewöhnlich etwas seitlich sich in der Bindegewebs-
masse finden, welche die Linea alba bildet. Oberhalb des
Nabels ist dieselbe besonders dünn und breit. Durch
Atrophie der Recti bei schneller hochgradiger Abmagerung
verbreitert sie sich oft um das Doppelte. In dieser Binde-
gewebsmasse entstehen infolge der Kreuzung der Apo-
neurosen des äusseren schiefen Bauchmuskels Spalten, durch
die gewöhnlich kleine Gefässe und Nerven, in Fett ein-
gehüllt, verlaufen. Diese Spalten bilden die Durchtrittsstelle
der erbsen- bis apfelgrossen Hernien. Die meist kleinen,
weichen rundlichen Tumoren bestehen in der Mehrzahl aus
subserösem Fettgewebe, in welches oft ein kleinerer oder
grösserer Bauchfelltrichter hineingezogen ist. In diesem
liegt häufig ein kleines Netzpartikelchen und verwächst
schliesslich mit dem Bauchfell. In der Mehrzahl der Fälle
sind die einzelnen Bestandteile des Bruchs garnicht mehr
von einander zu trennen. Grössere Hernien enthalten auch
wohl Darm, sehr selten Magen. Auch die präperitonealen
Lipome gehören nach ihrer Entstehung wie ihrer Sympto-
matologie hierher. Diese bestehen nur aus Fettgewebe,
enthalten kein Peritoneum oder Netz, doch können sie zur
Ursache wirklicher Brüche werden, da sie nicht selten mit
dem Bauchfell durch einen Stiel verbunden sind.

Frauen sind nicht öfter befallen wie Männer. Die
Diastase der Recti ist für das Zustandekommen dieser
Hernien nicht von Bedeutung. Die häufigste Ursache der
kleinen Brüche scheint das Trauma zu sein, sowohl der
direkte Stoss gegen die Bauchwand, wie heftige Er-
schütterungen des ganzen Körpers. Witzel macht darauf
aufmerksam, dass häufig Erkrankungen, die mit starker Abmagerung einhergehen, das Zustandekommen der Hernien
begünstigen, da die Gewebsspalten weiter und von dem
sie bedeckenden Fett frei würden. Er beschreibt 2 Fälle, in
denen solche Hernien sich infolge einer durch Carcinom des
Magens bedingten starken Abmagerung und heftige Brech-
bewegungen gebildet hatten. In einem dieser Fälle lag
als Gelegenheitsursache das Heben einer schweren Last bei
rückwärtsgebeugtem Körper vor. Es ist erklärlich, dass
die präformierten Querspalten in der Linea alba dadurch
noch mehr auseinandergezerrt werden müssen.

Das Symptomenbild wird von heftigen Gastralgieen und allgemein neurasthenischen Beschwerden beherrscht. Die Bruchstelle ist auf Berührung stark empfindlich. Jede Anstrengung, Bücken, Husten, Pressen macht starke Schmerzen in der Magengegend, die nach den beiden Seiten und dem Rücken ausstrahlen. In Ruhe und Rückenlage pflegen sie nachzulassen. In den meisten Fällen bringt auch jede Nahrungsaufnahme, besonders die festen Speisen, Schmerzen und Drücken im Magen mit sich. Appetitlosigkeit, Uebelkeit Aufstossen fehlen selten. Selbst ein gewisser Grad von Hyperacidität hat sich öfters gefunden. Der Stuhl ist meist angehalten, selten diarrhoisch, letzteres namentlich bei starker Neurasthenie. Die Rückwirkung auf den psychischen Zustand ist meistens eine erhebliche. Die Patienten sind gedrückter Stimmung, sehr hypochondrisch und fürchten ein unheilbares Magenübel zu haben.

Die Diagnose ist nicht immer eine leichte. Erlittene Traumen werden an die Möglichkeit einer Hernie denken lassen. Bei heftigen Schmerzen beim Bücken, Beschwerden nach dem Essen soll man nach Ausschluss von Gastritis, Ulcus, Carcinom besonders auf solche Herniae epigastricae aufmerksam sein. Nervöse Gastralgie soll man erst nach Ausschluss eines Bruches annehmen. Bei kleinen oder mittelgrossen Hernien fühlt man runde, meist etwas gelappte Geschwülste in der Bauchwand, beim Aufrichten deutlich, beim Husten und Pressen noch deutlicher werdend, in der Rückenlage ganz oder zum Teil reponibel. Die präperitonealen Lipome machen dieselben Symptome und für die Behandlung keinen Unterschied von den Hernien der Linea alba.

Für die Behandlung kommt zunächst die mit Bandagen in Betracht. Horner berichtet über 2 Fälle von präperitonealen Lipomen, in denen die Patienten seit 3 und 12 Jahren Magenschmerzen hatten, die in der letzten Zeit unerträglich geworden waren. Geeignete Bandagen verschafften den Kranken dauernde Heilung. Die Mehrzahl der Fälle ist indess dieser konservativen Therapie nicht zugänglich. Wo die Brüche nicht völlig reponibel sind, bleibt ein in der Regel sehr empfindlicher Rest zurück, der nicht den geringsten Druck einer Bandage erträgt. In solchen Fällen bleibt die Radikaloperation die einzige Hilfe. Lücke, König, Witzel, v. Bergmann haben sie in zahlreichen Fällen meist mit vorzüglichem Erfolg ausgeführt. Witzel beobachtete 25 Kranke, die nach Ausführung der Operation völlig ge-

nasen. v. Bergmann teilt 6 weitere charakteristische Fälle
mit, in denen der Erfolg ein gleich günstiger war. Bohland
konnte 7 Fälle zur Operation bewegen. 6 gaben ein vor-
zügliches Resultat, bei einem nur wollte die schon lange
Jahre dauernde Hypochondrie auch nach der Operation nicht
schwinden. Recidive traten in den 25 Fällen von Witzel
5 mal ein. Es ist wahrscheinlich, dass eine zweite Operation dauernde Heilung gebracht hat. Bohland empfiehlt
bald nach gestellter Diagnose zu operieren, und nicht
durch die oft unsicher wirkenden Bandagen, durch Diät
und Narkotika Magen und Nevensystem der Kranken anzugreifen. Dadurch werde die Prognose des operativen
Eingriffs, der doch nicht umgangen werden könne, nur eine
ungünstigere.

Ich glaube nun schliessen zu können. Die durch
äussere Gewalteinwirkungen zustandekommenden, rein
chirurgischen Verletzungen durfte ich füglich übergehen.
Es ist nicht zu verkennen, dass mit der operativen Methode
in der jüngsten Zeit auf dem Gebiete der Magentherapie
erhebliche Fortschritte gemacht worden sind. Dass die
Operationsresultate bei der schwierigen Technik und den
mancherlei Zufällen während des Eingriffs sich in Zukunft
noch bessern werden, ist nicht wahrscheinlich. Technik
und Methode der Operation wie alle anderen Bedingungen
sind kaum noch einer Vervollkommnung fähig. Persönliche
Uebung und Geschicklichkeit werden das ausschlaggebende
bleiben. Sollte einmal durch eine weitere Vervollkommnung
der Diagnostik der Magenkrankheiten das Carcinom in
einem früheren Stadium zur Operation gelangen, würde die
Chirurgie vielleicht auch dieses Leidens besser wie bisher
Herr werden. Heute macht die Eröffnung der Bauchhöhle
häufig alle Erwartungen und Pläne zu nichte und man
muss jede Hoffnung auf einen Erfolg weiterer Eingriffe
aufgeben. Die unberechenbaren Gefahren des Collapses
nach so schweren Eingriffen in die Bauchhöhle, die Unmöglichkeit, vorauszusagen, dass keine grossen Metastasen
bestehen werden, lassen einem gewissen Skepticismus gegen
jeden operativen Eingriff leider seine Berechtigung nicht
absprechen. Bei gutartigen Erkrankungen werden die
Leistungen der Chirurgie auch weitgehenden Ansprüchen
gerecht. Erheblicher Anteil an guten Erfolgen des operativen Eingriffs wird immer der inneren Medizin zufallen.
Vor ihr Forum kommen zuerst die Magenerkrankungen.
Sie hat zunächst Diagnose, Prognose und Therapie fest-

zustellen. Durch eine genaue Indikationsstellung und recht-
zeitige Ueberweisung des betreffenden Falles an den
Chirurgen wird sie diesem die wesentlichsten Dienste
leisten. Für letztere Frage nach dem heutigen Stande der
Magenchirurgie die möglichen Anhaltspunkte zu gewinnen,
war mit der Zweck der Arbeit.

Zum Schlusse erfülle ich die angenehme Pflicht,
Herrn Professor Dr. Ewald für die Anregung zu dieser
Arbeit und die freundliche Unterstützung bei derselben
meinen ehrerbietigsten Dank auszusprechen.

Litteratur.

1. Ewald, Klinik der Verdauungskrankheiten.
2. — Ueber Strikturen der Speiseröhre und einen Fall von Ulcus oesophagi pepticum mit konsekutiver Narbenverengerung und Gastrostomie. (Zeitschrift für klinische Medizin, Bd. 20. 1892.)
3. Boas, Diagnostik und Therapie der Magenkrankheiten.
4. Debove et Rémond, Traitement des maladies de l'estomac.
5. König, Lehrbuch der speziellen Chirurgie.
6. Doyen, Traitement chirurgical des affections de l'estomac et du duodenum.
7. Index medicus.
8. Centralblatt der gesamten Medizin, Jahrgang 1885—1895.
9. Virchow-Hirsch, Jahresberichte. Jahrgang 1890—1895.
10. Zesas, Die Gastrostomie und ihre Resultate. (Arch. für klinische Chirurgie Bd. 32, 1885.)
11. Frank, Ueber ein neues Verfahren bei der Gastrostomie. (Wiener klinische Wochenschrift 1893.)
12. Dreydorff, Kasuistische Beiträge zur Magenchirurgie nebst einer Uebersicht über 442 Fälle von Pylorusresektion, Gastroenterostomie und Pyloroplastik. (Beiträge zur klinischen Chirurgie, Bd. XI. 2. 1894.)
13. Grundzach, Indikationen zur Pyloroplastik, Pylorektomie und Gastroenterostomie. (Therapeutische Monatshefte, 1895. Heft 3 u. 4.)
14. Rosenheim, Die chirurgische Behandlung der

krankheiten. (Deutsche medizinische Wochenschrift 1895. No. 1—6.)

15. v. Hacker, Ueber Magenresektionen und Gastroenterostomieen. (Wiener klinische Wochenschrift 1895.)

16. Mündler, Die neuerdings in der Heidelberger chirurgischen Klinik ausgeführten Operationen am Magen. (Beiträge zur klinischen Chirurgie, Bd. XIV. Heft 2. 95.)

17. Lauenstein, Ueber die Magendünndarmfistel. (Jahrbücher der Hamburger Staatskrankenanstalten. III. Jahrgang.)

18. Kocher. Zur Technik und den Erfolgen der Magenresektion. (Deutsche medizinische Wochenschrift, 1895. No. 16 und 17.)

19. Kappeler, Zur operativen Behandlung des Magencarcinoms. (Korrespondenzblatt für Schweizer Aerzte, 1894, Nr. 16.)

20. Küster, Zur operativen Behandlung des Ulcus ventriculi. (Archiv für klinische Chirurgie, Bd. 48. 94.)

21. Bircher, Ueber Gastroplicatio. (Korrespondenzblatt für Schweizer Aerzte, 1894.)

22. Wölfler, Ueber Gastroanastomose. (Beiträge zur klinischen Chirurgie Bd. XIII, Heft 1. 94.)

23. Mintz, Ueber die chirurgische Behandlung der Magenkrankheiten. (Zeitschrift für klinische Medizin. Bd. XXV. 1894.)

24. — Ueber die funktionellen Resultate der Magenoperationen. (Wiener klinische Wochenschrift 1895. Nr. 16, 17.)

25. Pariser, Zur Behandlung des frei in die Bauchhöhle perforierten Ulcus ventriculi. (Deutsche medizinische Wochenschrift, 1895, Nr. 28.)

26. Panecki, Retroflexio uteri und Magenneurose. (Therapeutische Monatshefte, 1892.)

27. Witzel, Ueber den medianen Bauchbruch. (Sammlung klinischer Vorträge, Chirurgie Nr. 3. Folge 1890—1894.)

28. Bohland, Ueber die Hernia epigastrica und ihre Folgezustände. (Berliner klinische Wochenschrift 1894. Nr. 34.)

29. Horner, Ueber Cardialgie, verursacht durch präperitoneale Lipome. (Prager medizinische Wochenschrift. 1892.)

30. Fleiner, Erfahrungen über die Therapie der Magenkrankheiten. (Sammlung klinischer Vorträge. Folge 1890—1894. No. 103).

31. Verhandlungen des deutschen Chirurgenkongresses, 1895.
32. Berliner klinische ⎫ Wochenschrift.
33. Deutsche medizinische ⎪ Jahrgänge:
34. Wiener klinische ⎬ 1892—1895.
35. St. Petersburger medizinische ⎭
36. Korrespondenzblatt für Schweizer Aerzte. Jahrgänge 1892—1895.

Thesen.

I.

Für die Diagnose des Pyloruscarcinoms in einem frühen und für die Radikaloperation günstigen Entwicklungsstadium ist die Untersuchung in der Narkose ein sehr wichtiges Hilfsmittel.

II.

Ist bei Durchbruch eines Magengeschwürs in die Bauchhöhle der Magen frei von Speisen gewesen, und sind nach der Perforation keine Speisen mehr eingeführt worden, so ist der operativen die abwartende Behandlung vorzuziehen.

III.

Heftige Gastralgieen erfordern stets eine sorgfältige Untersuchung auf Hernien der Linea alba.

Lebenslauf.

Verfasser dieser Arbeit, Wilhelm Heuseler, evange-
lischer Konfession, Sohn des Königlichen Forstmeisters a. D.
Wilhelm Heuseler zu Görlitz, wurde am 17. Oktober 1872
zu Taubenwalde, Kreis Mogilno in Posen geboren. Seine
wissenschaftliche Vorbildung erhielt er auf dem Pro-
gymnasium zu Schlawe in Pommern und dem Königlichen
Gymnasium zu Bromberg, welch letzteres er Ostern 1891
mit dem Zeugnis der Reife verliess. Während des Sommer-
semesters des Jahres 1891 war er bei der medizinischen
Fakultät der Universität Breslau immatrikuliert. Am 17.
Oktober desselben Jahres wurde er als Studierender in
das Königlich-medizinisch-chirurgische Friedrich-Wilhelms-
Institut aufgenommen. Seiner Dienstzeit mit der Waffe
genügte er vom 1. April bis zum 1. Oktober 1892 bei der
2. Kompagnie des Garde-Füsilier-Regiments. Am 15. Juli
1893 bestand er die ärztliche Vorprüfung, am 28. Juni 1895
das Tentamen medicum und am 5. Juli desselben Jahres
das Examen rigorosum.

Während seiner Studienzeit besuchte er die Vor-
lesungen, Kliniken und Kurse folgender Herren:

In Breslau: Born, Cohn, Ladenburg.

In Berlin: v. Bardeleben (†), v. Bergmann, du Bois-
Reymond, Bonhoff, Dilthey, Engler, Ewald, Fischer,
B. Fraenkel, Geissler, Gerhardt, Goldscheider, Gurlt,
Gusserow, Hartmann (†), Hertwig, Heubner, v. Hofmann (†),
Jolly, Israel, Jürgens, R. Kochler, Köppen, Kossel, Kundt (†),
G. Lewin, Leyden, Liebreich, v. Noorden, Olshausen, Oppen-
heim, Rubner, Salkowski, F. E. Schulze, Schweigger,
Schwendener, Sonnenburg, Strassmann, Trautmann, Virchow,
Waldeyer.

Allen diesen Herren, seinen hochverehrten Lehrern,
spricht der Verfasser an dieser Stelle seinen ehrerbietigsten
Dank aus.

www.ingramcontent.com/pod-product-compliance
Lightning Source LLC
Chambersburg PA
CBHW022004190326
41519CB00010B/1381